Mohammad Hammoud

A l'interface des milieux continus et discrets

Mohammad Hammoud

A l'interface des milieux continus et discrets

Couplage multi-échelle pour étudier le comportement des larges structures

Presses Académiques Francophones

Impressum / Mentions légales

Bibliografische Information der Deutschen Nationalbibliothek: Die Deutsche Nationalbibliothek verzeichnet diese Publikation in der Deutschen Nationalbibliografie; detaillierte bibliografische Daten sind im Internet über http://dnb.d-nb.de abrufbar.

Alle in diesem Buch genannten Marken und Produktnamen unterliegen warenzeichen-, marken- oder patentrechtlichem Schutz bzw. sind Warenzeichen oder eingetragene Warenzeichen der jeweiligen Inhaber. Die Wiedergabe von Marken, Produktnamen, Gebrauchsnamen, Handelsnamen, Warenbezeichnungen u.s.w. in diesem Werk berechtigt auch ohne besondere Kennzeichnung nicht zu der Annahme, dass solche Namen im Sinne der Warenzeichen- und Markenschutzgesetzgebung als frei zu betrachten wären und daher von jedermann benutzt werden dürften.

Information bibliographique publiée par la Deutsche Nationalbibliothek: La Deutsche Nationalbibliothek inscrit cette publication à la Deutsche Nationalbibliografie; des données bibliographiques détaillées sont disponibles sur internet à l'adresse http://dnb.d-nb.de.

Toutes marques et noms de produits mentionnés dans ce livre demeurent sous la protection des marques, des marques déposées et des brevets, et sont des marques ou des marques déposées de leurs détenteurs respectifs. L'utilisation des marques, noms de produits, noms communs, noms commerciaux, descriptions de produits, etc, même sans qu'ils soient mentionnés de façon particulière dans ce livre ne signifie en aucune façon que ces noms peuvent être utilisés sans restriction à l'égard de la législation pour la protection des marques et des marques déposées et pourraient donc être utilisés par quiconque.

Coverbild / Photo de couverture: www.ingimage.com

Verlag / Editeur:
Presses Académiques Francophones
ist ein Imprint der / est une marque déposée de
OmniScriptum GmbH & Co. KG
Heinrich-Böcking-Str. 6-8, 66121 Saarbrücken, Deutschland / Allemagne
Email: info@presses-academiques.com

Herstellung: siehe letzte Seite /
Impression: voir la dernière page
ISBN: 978-3-8416-2834-3

Copyright / Droit d'auteur © 2014 OmniScriptum GmbH & Co. KG
Alle Rechte vorbehalten. / Tous droits réservés. Saarbrücken 2014

To my wife Zahraa and my little angel Malak.

Table des matières

I Introduction aux méthodes de couplage discret/continu   13

1 Synthèse bibliographique   14
    1.1 Introduction 16
    1.2 Modélisation discrète 17
        1.2.1 Description géométrique 17
        1.2.2 Lattice Models 17
        1.2.3 Méthode des éléments discrets (DEM) 18
        1.2.4 Méthodes de résolution 19
    1.3 Modélisation continue 26
        1.3.1 Description géométrique 27
        1.3.2 Résolution d'un modèle continu 28
    1.4 Couplage multi-échelle : continu/discret 29
        1.4.1 Introduction 29
        1.4.2 Définition d'un modèle multi-échelle 30
        1.4.3 Formulation énergétique 30
        1.4.4 Ghost forces 32
        1.4.5 Famille de méthodes de résolution 33
    1.5 Conclusion 44

II Modèle de poutre 1D   45

2 Approches discrète et continue   46
    2.1 Introduction 48
    2.2 Position du problème 48
    2.3 Approche Discrète 49

	2.3.1 Résolution analytique 51
2.4	Approche continue 54
	2.4.1 Résolution analytique 54
2.5	Simulations numériques 59
	2.5.1 Algorithme de résolution 59
	2.5.2 Valeurs des paramètres mécaniques 60
	2.5.3 Validation numérique 61
	2.5.4 Classe des cas tests numériques 62
2.6	Conclusion 72

3 Approche mixte discrète/continue : Étude statique — 76

3.1	Introduction 78
3.2	Outils numériques de couplage 78
	3.2.1 Erreur sur les déplacements 79
3.3	Algorithme de résolution 83
3.4	Simulations numériques 84
	3.4.1 Validation avec un calcul semi-analytique 84
	3.4.2 Famille des cas tests 85
	3.4.3 Évolution de l'erreur sur les différents paramètres 89
	3.4.4 Réduction du nombre de degrés de liberté 89
3.5	Conclusion 92

4 Approche mixte ; Dynamique harmonique — 93

4.1	Introduction 95
4.2	Dynamique de l'approche discrète 95
4.3	Dynamique de l'approche continue 97
4.4	Validation du calcul dynamique 98
	4.4.1 Fréquence de propagation 98
	4.4.2 Amortissement des paramètres mécaniques 98
	4.4.3 Vibration harmonique fixe ; Solution semi-analytique 99
	4.4.4 Algorithme de résolution numérique des deux approches 101
	4.4.5 Simulations numériques 101
	4.4.6 Conclusion 105
4.5	Dynamique de l'approche couplée 106

	4.5.1 Outils numériques de couplage	106
	4.5.2 Algorithme numérique de couplage	107
	4.5.3 Simulations numériques	108
4.6	Conclusion	111

III Modèle de maçonnerie 2D — 112

5 Étude théorique — 113

- 5.1 Position du problème ... 115
- 5.2 Modèle discret ... 116
  - 5.2.1 Géométrie de la maçonnerie ... 116
  - 5.2.2 Résolution dynamique ... 117
  - 5.2.3 Principe fondamental de la dynamique ... 124
- 5.3 Modèle homogénéisé ... 128
  - 5.3.1 Discrétisation du domaine ; matrices de rigidité et de masse ... 128
  - 5.3.2 Tenseur de rigidité homogénéisé ... 132
- 5.4 Conclusion ... 137

6 Simulations numériques — 138

- 6.1 Introduction ... 140
- 6.2 Simulations numériques ... 140
  - 6.2.1 Paramètres mécaniques ... 140
  - 6.2.2 Validation du code MATLAB à l'aide d'ABAQUS ... 141
  - 6.2.3 Validation du modèle discret ... 144
  - 6.2.4 Comparaison entre les modèles continu et discret ... 145
- 6.3 Modèle mixte ; discret/continu ... 150
  - 6.3.1 Principe ... 151
  - 6.3.2 Passage continu/discret ... 151
  - 6.3.3 Critère de couplage ... 153
  - 6.3.4 Matrice de rigidité globale ... 154
  - 6.3.5 Algorithme de couplage ... 158
  - 6.3.6 Étude d'un mur fissuré ... 159
- 6.4 Conclusions ... 162

Bibliographie — 165

Table des figures

1.1 Fissuration à la surface des enrobés bitumineux 16
1.2 Réseau de nœuds régulier et irrégulier d'un Lattice Model 18
1.3 Graphes de Signorini et de Coulomb 20
1.4 Contact entre particules circulaires 23
1.5 Modélisation du contact selon Cundall 25
1.6 Cycle de résolution de la DM 26
1.7 Modèle multi-échelle générique 30
1.8 Singularités non localisées 33
1.9 Repatoms selectionnés à coté d'une fissure 35
1.10 Schéma illustrant le phénomène de la nanoindentation (Tadmor et al. [56]) 36
1.11 Représentation de l'approche "BSD" de Park et al. [44] 37
1.12 Méthode Coarse-Grained-Molecular Dynamics (Rudd [49]) 38
1.13 Volumes élémentaires représentatifs atomique et continu (Fish et al., [19]) . 39
1.14 Noeuds représentatifs dans un réseau atomique (Rudd et al. [49]) 40
1.15 Méthode de couplage par recouvrement en EF (Belytschko et al., [61]). . . 41
1.16 Zone de recouvrement et paramètres de recouvrement (Frangin et al.[21]) . 41
1.17 Méthode Arlequin : Overlapping domains 42
1.18 Différentes zones de modélisation 43

2.1 Modélisation discrète d'une poutre 1D 49
2.2 Modèle de Boussinesq utilisé pour l'exemple d'un blochet 50
2.3 Section d'un rail Vignole 50
2.4 Deux éléments de poutre adjacents 51
2.5 Modèle continu décrivant le modèle discret à une échelle macroscopique . . 54
2.6 Représentation des raideurs aux échelles micro et macro 56
2.7 Condition de continuité au noeud 1 58

TABLE DES FIGURES

2.8 Algorithme de résolution numérique 60
2.9 Validation numérique du modèle proposé 62
2.10 Comparaison entre la flèche calculée par les deux approches 64
2.11 Comparaison entre les rotations calculées par les deux approches 65
2.12 Zoom montrant la légère différence entre la flèche 66
2.13 Erreurs sur les différents paramètres mécaniques 67
2.14 Comparaison entre la flèche dans le cas de raideurs non homogènes 68
2.15 Représentation d'une zone faible 68
2.16 Désaccord sensible entre les flèches 69
2.17 Influence de la taille de la zone de raideurs faibles; Ratio = 3 70
2.18 Influence de la taille de la zone de raideurs faibles; Ratio = 4 71
2.19 Concordance parfaite entre les contraintes dans les ressorts 72
2.20 Désaccord sensible entre les flèches; raideurs oscillantes 73
2.21 Exemple d'une poutre modélisée par 31 noeuds discrets 73
2.22 Différence dans le cas des raideurs hétérogènes 74
2.23 Désaccord sensible entre les flèches; raideurs arbitraires 74
2.24 Désaccord entre les flèches; distribution arbitraire 75

3.1 Simulation de l'approche couplée proposée 78
3.2 Rapport entre deux éléments : discret et continue 79
3.3 Bonne concordance des flèches; raideurs faibles et Ratio = 2 80
3.4 Erreur entre les flèches continu et discret approché 81
3.5 Vecteurs de déplacement U_h et $\tilde{U}_d$ 81
3.6 Erreur entre les flèches continu interpolé et discret approché 82
3.7 Organigrame de l'approche couplée discrète/continue 84
3.8 Validation de l'approche couplée 85
3.9 Flèche calculée suivant les différentes approches 86
3.10 Zones de raffinement et nombre de ddls utilisés de chaque type d'approche 87
3.11 Comparaison entre la flèche couplée et discrète 88
3.12 Comparaison entre les rotations couplée et discrète; raideurs arbitraires . . 90
3.13 Évolution de l'erreur sur les flèches couplée et discrète 91
3.14 Évolution de l'erreur sur les rotations couplée et discrète 91

4.1 Poutre de type Bernoulli soumise à une charge harmonique 99

4.2	Moment fléchissant et effort tranchant sur un élément de poutre	99
4.3	Solutions semi-analytique amortie et non amortie	100
4.4	Comparaison entre les solutions numérique et semi-analytique	103
4.5	Validation des approches numérique avec celle semi-analytique	103
4.6	Concordance entre les flèches ; Raideurs homogènes	104
4.7	Différence entre les flèches ; Zone de faiblesse	105
4.8	Erreur entre les flèches continue et discrète approchée	107
4.9	Validation de l'approche couplée ; zone de faiblesse	108
4.10	Bonne concordance entre la flèche discrète et couplée ; raideurs hétérogènes	109
5.1	Mur de maçonnerie en vue 3D, constitué de n-briques carrées périodiques	115
5.2	Maçonnerie formée à l'aide de briques périodiques de mêmes dimensions	116
5.3	Bilan des forces et des couples d'interaction entre deux interfaces	119
5.4	Les deux types d'interface commune à chaque brique	119
5.5	Description géométrique globale d'un mur de maçonnerie	125
5.6	Problème élastique linéaire (Hypothèse des petites perturbations)	128
5.7	Elément fini quadratique ayant deux degrés de liberté par noeud	130
6.1	Rectangle encastré aux bords modélisé par des EF	141
6.2	Déplacement suivant Y_1 (a) ; Déplacement suivant Y_2(b)	143
6.3	Bonne concordance entre les déplacements	143
6.4	Modèle de maçonnerie discret aux bords encastrés	144
6.5	Déplacements de la ligne moyenne des noeuds	145
6.6	Mur de maçonnerie soumis à un test de cisaillement à bords fixes	146
6.7	Comparaison entre les déplacements continu et discret à différentes échelles	146
6.8	Mur de maçonnerie soumis à un test de cisaillement à bords libres	147
6.9	Déplacement suivant Y_1 (a) ; Déplacement suivant Y_2 (b)	147
6.10	Déplacements continu vs discret ; cisaillement à bords libres	148
6.11	Mur de maçonnerie soumis à un test d'écrasement	148
6.12	Déplacements continu vs discret ; Écrasement à bords fixes	149
6.13	Champs de déplacement suivant Y_1 ; Champs de déplacement suivant Y_2	149
6.14	Mur de maçonnerie modélisé par un couplage mixte discret/continu	150
6.15	Schématisation des forces appliquées appliquées aux interfaces des ED	153
6.16	Schématisation de la matrice de rigidité globale	155

6.17 Organigramme du modèle couplé discret/continu 158
6.18 Modèles de maçonnerie cisaillé et écrasé 159
6.19 Mur de maçonnerie fissurée soumis à la traction 160
6.20 Bonne concordance entre les modèles discret et couplé 161
6.21 Mur de maçonnerie fissurée étudié à partir du modèle mixte 161

Liste des tableaux

2.1 Paramètres mécaniques et numériques utilisés dans les simulations 61

3.1 Influence du couplage sur le nombre de ddls ; Zone de faiblesse 87
3.2 Influence du couplage sur le nombre de ddls ; Raideurs oscillantes 89
3.3 Réduction du nombre de degrés de libertés 90

4.1 Tableau des paramètres mécanique et physique 102
4.2 Influence du couplage sur le nombre de ddls 110

6.1 Paramètres utilisés dans les simulations numériques du modèle 140
6.2 Comparaison entre les déplacements avec différents types de maillage . . . 142
6.3 Comparaison entre MATLAB et ABAQUS 142
6.4 Validation modèle discret : différents maillage vs modèle homogénéisé fin . 145
6.5 Réduction du nombre de ddls 162
6.6 Réduction du temps de calcul 162

Introduction générale

Introduction

"Modéliser c'est concevoir, élaborer un modèle permettant de comprendre, d'agir, d'atteindre un but".

Un phénomène physique ou chimique est généralement très complexe. Les scientifiques cherchent alors à en construire une représentation qui, tout en étant la plus simple possible, permette d'expliquer le phénomène et de le prévoir. C'est ce que l'on appelle un modèle.

Dans de nombreuses situations en mécanique, pour une description correcte et exacte d'un milieu soumis à des phénomènes très particuliers et localisés, une modélisation discrète à une échelle très fine est nécessaire. La modélisation continue reste efficace et valable pour les endroits où l'on ne s'intéresse qu'à la réponse structurelle. La modélisation d'un milieu contenant un grand nombre de degrés de liberté (ddls), en utilisant une méthode discrète, est très coûteuse en terme de temps de simulation, d'où l'idée de faire un couplage entre les méthodes continue et discrète. La technique du couplage entre le discret et le continu a été l'objet de plusieurs applications telles que la *nanoindentation* ou la *fissuration*.

Nombreuses sont les méthodologies de couplage qui ont été développées durant les dernières années. Grâce à ces méthodologies, on a pu résoudre des problèmes mécaniques, physiques et informatiques (coût et temps de calcul moins élevés) qui avant, étaient difficiles à résoudre pour des raisons de capacités informatiques insuffisantes, de temps de calcul long et de coût de simulation élevé. Malgré leurs succès, des problèmes existent toujours, tels que la répartition d'énergie dans la zone de couplage, les réflexions d'onde à l'interface de couplage ou la création de noeuds fictifs à l'interface.

Ce livre se décompose en trois parties. La première partie consiste en un chapitre de synthèse bibliographique portant sur les méthodes de modélisation des matériaux. Suite à la description des méthodes continues et discrètes, la majeure partie de ce chapitre est consacrée à la présentation des différentes méthodes de couplage entre les milieux discrets et continus. Nous présentons en conclusion de ce chapitre les différents avantages ainsi que les inconvénients et les limitations des méthodes de couplage développées jusqu'à maintenant. Cette exploration de la bibliographie existante nous a permis d'arrêter notre choix sur une approche couplée dans la modélisation des matériaux. Dans notre cas, les deux sujets d'étude qu'on abordera et explicitera dans ce mémoire sont : un modèle de voie ferrée et un modèle de maçonnerie.

La deuxième partie a ainsi pour but d'étudier le modèle de voie ferrée unidimensionnel dans le cas statique et dynamique à l'aide d'une approche couplée. Elle se compose de trois chapitres. Le chapitre 2 porte sur l'étude du modèle 1D suivant deux approches : une approche discrète à l'échelle fine et une approche continue à l'échelle macroscopique. Le calcul est implémenté dans un code MATLAB. Une famille de cas tests reflétant la réalité des problèmes qui peuvent survenir dans une voie ferrée est proposée. Une comparaison entre les solutions calculées à l'aide des deux approches met en évidence les cas où les réponses continue et discrète sont différentes. Ces différences justifient le recours à une approche couplée qui, à la base, est une approche continue et fait appel à une approche discrète aux endroits des hétérogénéités. Le chapitre 3 porte sur l'étude statique du modèle de poutre unidimensionnel à l'aide de l'approche couplée. Un critère numérique de couplage est proposé. La solution du système est calculée à l'aide de l'approche mixte et comparée par la suite à celle de l'approche discrète. Plusieurs cas tests sont implémentés dans le code MATLAB pour mettre en évidence la consistance et l'efficacité de cette approche mixte, que cela soit en terme de gain de temps de calcul ou de réduction du nombre de degrés de liberté. Le chapitre 4, quant à lui, est dédié à l'étude de la dynamique harmonique de l'approche mixte et son application au modèle de poutre 1D. Dans un premier temps, la théorie des deux approches discrète et continue avancée dans le deuxième chapitre pour le cas statique est adaptée à l'étude de la dynamique harmonique dans ce chapitre. Ensuite, plusieurs cas tests sont simulés afin de mettre en évidence les cas où les solutions continue et discrète ne coïncident pas. L'algorithme de l'approche couplée établi dans le cas statique reste valable dans le cas dynamique en intégrant les modifications en terme de matrice de rigidité. Le calcul dynamique est implémenté dans le code MATLAB utilisé pour le calcul statique. Comme dans le cas statique, les résultats montrent la pertinance de l'approche couplée par une bonne concordance entre les comportements couplé et discret. Le problème de réflexion d'onde n'est pas d'actualité car la longueur d'onde est adaptée au maillage. Au moment où un raffinement est nécessaire dans le maillage, l'onde n'a pas de problème pour continuer à se propager dans le nouveau maillage, car la longueur d'onde dans ce cas là est représentée par un nombre d'éléments plus grand que celui du maillage de départ. Nous vérifions sur chaque élément la bonne concordance entre les modèles discret et continu lorsque le modèle continu est retenu. Il n'y a pas de discontinuité brutale des propriétés du milieu qui pourrait engendrer des réflexions parasites. À noter que la deuxième partie a été le sujet de plusieurs publications (Hammoud et al., [24], [26], [25], [27], [37]).

La troisième partie aborde la deuxième application de la méthodologie de couplage, afin de mieux conclure quant à son intérêt, sur un modèle de maçonnerie en 2D. Cette partie est composée de deux chapitres. Le chapitre 5 est consacré à l'étude théorique d'un modèle de maçonnerie suivant deux approches discrète et continue. Dans l'approche discrète, les briques sont vues comme étant des corps rigides connectés par des interfaces élastiques. L'approche continue est basée sur l'homogénéisation du modèle discret. Le mur de maçonnerie est considéré infini afin de déterminer les caractéristiques de ce milieu orthotrope dont la matrice de rigidité fait partie. En se basant sur l'existence des singularités dans certains cas tests du mur de maçonnerie, il est proposé d'appliquer le calcul discret en ces endroits. L'algorithme de l'approche couplée développé dans l'étude du modèle de voies ferrées est appliqué avec quelques modifications. Le sixième et dernier chapitre expose les simulations numériques du modèle de maçonnerie et leurs résultats. Une validation du calcul continu (MATLAB) avec un autre calcul continu étudié à l'aide du code éléments finis **ABAQUS** est réalisée. Plusieurs cas tests sont étudiés tels le cisaillement, l'écrasement *etc.* Des conditions aux limites seront imposées dans chaque cas test. Une comparaison entre les calculs discret et continu montre une différence dans les deux comportements, d'où le développement du modèle mixte continu/discret. Un critère de couplage spécial est imposé sur les éléments finis de la zone de couplage discret/continu. La comparaison entre les paramètres des modèles discret et couplé met en évidence la bonne concordance et la reproduction du comportement discret dans un temps plus court que celui nécessaire pour le calcul discret seul.

Finalement, on conclut sur les résultats obtenus afin de proposer de futures études possibles.

Première partie

Introduction aux méthodes de couplage discret/continu

Chapitre 1

Synthèse bibliographique

C^{E CHAPITRE} *est consacré à la synthèse bibliographique des diverses méthodes de modélisation des matériaux. Après avoir décrit les méthodes continues et discrètes, la majeure partie de ce chapitre est consacrée à la présentation des différentes méthodes de couplage entre les milieux discrets et continus. Ce chapitre est clos par une conclusion mettant en évidence les différents avantages ainsi que les inconvénients et les limitations des méthodes de couplage développées jusqu'à maintenant. En se basant sur cette conclusion, on présente une approche couplée sujet de nos deux applications : un modèle de voie ferrée et un modèle de maçonnerie.*

Sommaire

- **1.1 Introduction** **16**
- **1.2 Modélisation discrète** **17**
  - 1.2.1 Description géométrique 17
  - 1.2.2 Lattice Models 17
  - 1.2.3 Méthode des éléments discrets (DEM) 18
  - 1.2.4 Méthodes de résolution 19
    - 1.2.4.1 Algorithme de la dynamique des contacts (DC) 19
    - 1.2.4.2 Algorithme de la dynamique moléculaire (DM) 22
      - Principe 23
      - Résolution 25
- **1.3 Modélisation continue** **26**
  - 1.3.1 Description géométrique 27
  - 1.3.2 Résolution d'un modèle continu 28
    - 1.3.2.1 Méthodes semi-analytiques 28
    - 1.3.2.2 Méthode des éléments finis 28
- **1.4 Couplage multi-échelle : continu/discret** **29**
  - 1.4.1 Introduction 29
  - 1.4.2 Définition d'un modèle multi-échelle 30
  - 1.4.3 Formulation énergétique 30
  - 1.4.4 Ghost forces 32
  - 1.4.5 Famille de méthodes de résolution 33
    - 1.4.5.1 Méthodes "bottom-up" 33
    - 1.4.5.2 Méthodes "top-down" 37
    - 1.4.5.3 Méthodes "directes" 39
- **1.5 Conclusion** **44**

1.1 Introduction

Un objectif essentiel pour les modélisations modernes des matériaux est de prédire une réponse exacte dans des endroits par exemple fortement sollicités, fissurés ou endommagés, en utilisant des modèles très fins dont les échelles peuvent varier du micro au nanomètre (Shilkrot *et al.*, [53] et Curtin *et al.*, [11]). Ces simulations multiéchelles des matériaux ont été le sujet de plusieurs études pour différentes applications utilisant les techniques de l'atomique (Kholhoff *et al.*, [54]), les techniques du granulaire (Shaer *et al.*, [51]) et la technique la plus récente (Ricci *et al.*,[35]) et (Frangin *et al.*, [16] et Rousseau *et al.*, [48]), qui porte sur le couplage entre les modèles atomiques ou granulaires et les modèles continus.

Pour une description correcte d'un milieu soumis à des phénomènes très particuliers et localisés, une modélisation discrète à une échelle très fine est pertinente. La modélisation continue reste efficace et valable pour les milieux où l'on ne s'intéresse qu'à la réponse structurelle. La modélisation d'un milieu contenant un nombre important de degrés de libertés (ddl) en utilisant une méthode discrète est très coûteuse en terme de temps de simulation, d'où l'idée de faire un couplage entre les méthodes continue et discrète. La technique du couplage entre le discret et le continu peut être l'objet des applications ferroviaires, des enrobés bitumineux (Fig.1.1) (Nguyen *et al.*, [41]), de mur de maçonnerie *etc*. À titre d'exemple, dans les applications ferroviaires, il serait souhaitable d'avoir une description par un milieu discret au voisinage de la charge roulante pour pouvoir étudier par exemple l'accélération d'un grain de ballast particulier pouvant être éjecté sur le rail, alors qu'une description adaptée à la structure par la mécanique des milieux continus classique en dehors de cette zone semble suffisante.

FIG. *1.1. Fissuration à la surface des enrobés bitumineux*

Ce chapitre porte sur une description des différents types de modélisation des matériaux. Parmi ces types de modélisation on distingue celles-ci : continue et discrète, connues depuis longtemps, et plus récemment la multi-échelle qui couple les milieux discrets et continus. Un résumé sur les méthodes de couplage développées jusqu'à nos jours est nécessaire pour conclure sur les avantages, les inconvénients et les limitations de celles ci. Dans ce qui suit, une brève description des méthodes discrètes et continues et une, plus détaillée des méthodes couplées sont présentées.

1.2 Modélisation discrète

Le mot "discret" est utilisé dans le sens où la description même du milieu est discrète : le milieu n'est plus traité avec des méthodes de mécanique des milieux continus, mais est représenté par un ensemble d'entités, d'éléments ou encore de particules traitées indépendamment les unes des autres comme des corps rigides ou déformables, et susceptibles d'interagir.

1.2.1 Description géométrique

Un modèle discret peut être décrit en utilisant soit une description atomique de la matière soit une description granulaire de quelques millimètres de diamètres. Cependant, la complexité croissante des modèles atomiques, associée aux difficultés des problèmes dynamiques et du fait du très grand nombre d'atomes, rend leur emploi lors d'analyses numériques délicat, que ce soit en termes d'implémentation, de convergence ou simplement de coût. De même, les milieux granulaires sont des systèmes composés d'un grand nombre de particules dont la caractéristique particulière est que les chocs sont dissipatifs. La taille de ces grains varie selon la nature du comportement à étudier. Par exemple, dans un milieu granulaire dense, un état dynamique fait rapidement croître le nombre de chocs. Les chocs sont bien sûr dissipatifs, et la friction est parfois prise en compte. Si l'on ajoute le fait de considérer aussi les rotations des grains sur eux-mêmes, on réalise que les simulations numériques sont assez coûteuses quant aux ressources de calcul, ou alors il faut simplifier le problème de telle façon que l'on risque de perdre contact avec la réalité. Dans les deux descriptions les simulations sont assez coûteuses, c'est pour cela que les gens travaillant dans ces domaines envisagent la théorie de couplage entre les descriptions discrètes et continues développées dans la suite.

1.2.2 Lattice Models

L'idée de discrétiser un milieu grâce à des éléments linéiques est apparu au début des années 40 pour surmonter certaines difficultés mathématiques dans la résolution de problèmes d'élasticité. C'est la physique théorique qui, dans les années 80, eut l'intuition des capacités de représentation phénoménologique de cette méthode. Un peu plus tard, les mécaniciens l'ont utilisée pour modéliser des matériaux réels, et en particulier des matériaux quasi-fragiles comme certains géomatériaux. La géométrie de la structure à étudier est obtenue grâce à un réseau de noeuds reliés par des lignes (Fig.1.2).

Ce réseau peut être *bi* ou *tri* dimensionnel, régulier ou irrégulier, et les éléments du réseau peuvent ou non s'interpénétrer. Un simple calcul de treillis permet de calculer les efforts aux nœuds, par incrément d'effort en cas de sollicitations variables. Le comportement global du réseau dépend du comportement local affecté à ces lignes : ce peut être un comportement poutre, barre ou ressort, associé à un critère de rupture. Lorsque ce critère, par exemple en contrainte, est atteint, l'élément barre est simplement retiré du modèle. Cette méthode ne permet pas de prendre en compte l'apparition de nouveaux contacts au cours du calcul, et donc des cycles d'ouverture/fermeture de fissures par exemple pour les enrobés bitumineux.

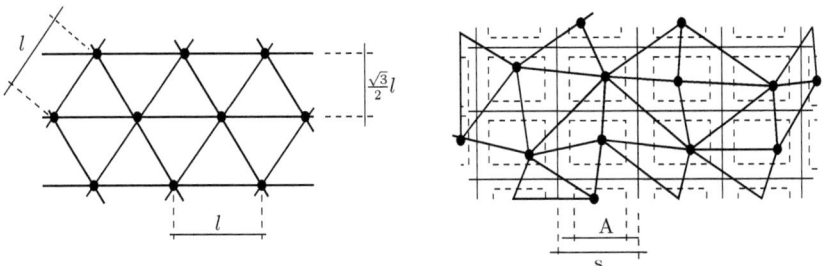

FIG. 1.2. *Réseau de nœuds régulier et irrégulier d'un Lattice Model*

1.2.3 Méthode des éléments discrets (DEM)

La méthode des éléments discrets, connue sous le nom de la DEM, modélise les milieux granulaires comme un assemblage idéal de grains. On la nomme ainsi par opposition à la méthode des éléments finis **FEM**. La **DEM** traite donc les particules des milieux granulaires comme un système de corps en contact. Elle est bien adaptée à l'étude des solides brisés (taille des grains $\succeq$ 3 mm), et pour les poudres de taille de quelques microns, les solides peuvent être traités par la mécanique des milieux continus.

Cette méthode a été définie dans un premier temps (Cundall *et al.*, [10]) pour l'étude de la stabilité de joints rocheux de grande taille représentés par des éléments discrets bidimensionnels polygonaux. Très vite, elle a été appliquée à l'étude des milieux granulaires comme les sols. Adaptée à l'étude des solides concassés, elle permet de traiter le ballast comme un milieu granulaire constitué de corps discrets qui entrent en contact entre eux.

Cette méthode désigne un modèle qui :

- autorise des déplacements et des rotations finies des corps discrets et leur séparation,
- détecte les éventuels nouveaux contacts automatiquement au cours du calcul.

Deux méthodes définies par Walton [59] permettent d'étudier les modèles discrets selon que l'on néglige ou pas les déformations locales aux points de contact. On parle, dans ce cas, de corps indéformables au contact ou de corps déformables au contact pour les corps absolument rigides.

- La **méthode des corps indéformables au contact** se base sur l'hypothèse de non-interpénétration des particules. Elle traite chaque collision comme instantanée, ce qui génère des forces très importantes. Les interactions entre les particules sont binaires (sauf pour la **Dynamique des contacts**, qui peut prendre en compte des collisions multiples) et l'état de la particule après choc est facilement déductible par le principe de la conservation de la quantité de mouvement. À chaque contact, les particules dissipent de l'énergie. On l'utilise essentiellement pour les collisions associées aux écoulements dilués.

- La **méthode des corps déformables au contact**, contrairement à la méthode des corps indéformables, autorise une petite interpénétration entre deux corps, interprétée comme une déformation locale au point du contact. D'abord employée pour les liquides, elle a ensuite été adaptée aux milieux granulaires de forte compacité. Dans ce cas, on détermine les forces qui agissent sur chaque particule par un système de ressorts (pour la répulsion) et d'amortisseurs (pour la dissipation d'énergie). En utilisant l'équation fondamentale de la dynamique on peut déduire les accélérations, vitesses et déplacements des grains grâce à une formulation explicite des schémas de résolution. Les forces normales et tangentielles du contact sont fonction de l'interpénétration. La durée d'un contact est non nulle et discrétisée en temps. Par conséquent, le pas de temps doit être suffisamment petit devant la durée du choc ce qui rend cette méthode coûteuse en temps de calcul.

1.2.4 Méthodes de résolution

Deux méthodes, illustrées par deux types d'algorithme, font actuellement référence dans l'étude des milieux granulaires : la **dynamique des contacts** et la **dynamique moléculaire**.

1.2.4.1 Algorithme de la dynamique des contacts (DC)

Dans ce qui suit, une description de cette méthode développée et mise au point par Moreau [40] est proposée. Cette méthode traite les contacts comme des percussions dont la durée est quasi instantanée. La percussion est définie par Moreau comme l'intégrale des forces de contact dans l'intervalle du temps de la collision (Eq.1.1). Cela entraîne des variations brusques de la vitesse et des forces au contact des particules avant et après choc.

$$P = \lim_{\epsilon \to 0} \int_{t}^{t+\epsilon} F(t)\, dt \tag{1.1}$$

Une solution exacte du problème d'un contact entre deux particules doit tenir compte de ces non régularités. On met ainsi en évidence le caractère fortement non linéaire du comportement micromécanique d'un assemblage granulaire. Cette méthode consiste à résoudre l'équation dynamique de Lagrange (Eq.1.2), valable en principe pour des mouvements réguliers et qui a été adaptée aux mouvements non réguliers par Moreau [40].

$$\underline{\underline{M}}(t,\underline{q})\,\underline{\ddot{q}} = \underline{F}(t,\underline{q},\underline{\dot{q}}) + \underline{F}_c \tag{1.2}$$

où

$\underline{\underline{M}}$ est la matrice de masse,

$\underline{F}$ est la somme des forces extérieures appliquées au système,

$\underline{F}_c$ sont les forces de contact,

$\underline{q}, \underline{\dot{q}}$ et $\underline{\ddot{q}}$ sont les vecteurs positions, vitesses et accélérations des grains.

D'après Moreau [40], les particules sont considérées comme rigides et non interpénétrables. Elles peuvent interagir au contact par un frottement sec (du type Coulomb). Le contact est caractérisé par une composante normale équivalant à une force de répulsion reliée à la vitesse relative normale entre deux particules par la condition de Signorini et qui s'annule dès que le contact est rompu, et en revanche devient très grande lors d'un contact, et par une composante tangentielle reliée selon la loi de Coulomb à la vitesse relative tangentielle et la force de frottement. Cette composante ne dépend que du coefficient de frottement de Coulomb. Ces non régularités (Fig.1.3) pour les composantes normale et tangentielle de la force de contact s'expriment sous forme d'inégalités : la condition de Signorini (Eq.1.3), et la loi de frottement de Coulomb (Eq.1.4).

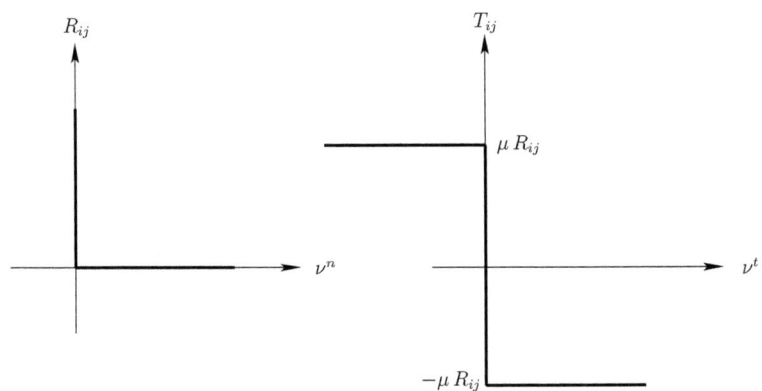

FIG. 1.3. Graphes de Signorini et de Coulomb

La condition de Signorini s'écrit :

$$\begin{array}{l} \delta_{ij} = 0 \;\Rightarrow\; R_{ij} \geq 0 \\ \delta_{ij} > 0 \;\Rightarrow\; R_{ij} = 0 \end{array} \tag{1.3}$$

1.2 Modélisation discrète

où

δ_{ij} est la distance entre deux particules i et j,

R_{ij} est la composante normale de la force de contact entre i et j.

La loi de frottement de Coulomb s'écrit :

$$\begin{array}{rcl} \nu^t > 0 & \Rightarrow & T_{ij} = -\mu R_{ij} \\ \nu^t \leq 0 & \Rightarrow & T_{ij} = \mu R_{ij} \end{array} \quad (1.4)$$

où

ν^t est la vitesse relative tangentielle entre les particules i et j,

T_{ij} est la composante tangentielle de la force de contact entre i et j,

μ est le coefficient de frottement de Coulomb.

Le fait que les collisions sont considérées instantanées entraîne une discontinuité du vecteur vitesse et des forces de contact. Ces deux termes caractéristiques d'un contact sont complémentaires, pour leur composante tangentielle par la relation (Eq.1.4) et pour leur composante normale par la relation (Eq.1.5). En effet, la composante normale de la vitesse est directement reliée à la condition de non interpénétration et s'insère donc dans la condition de Signorini. Ces relations de complémentarité entre la vitesse et les efforts donnent la nature persistante ou non de ce contact.

$$\delta_{ij} = 0 \;\Rightarrow\; \left\{ \begin{array}{l} \nu^n = 0 \text{ et } R_{ij} \geq 0 \rightarrow \text{contact persistant} \\ \nu^n > 0 \text{ et } R_{ij} = 0 \rightarrow \text{contact rompu} \end{array} \right. \quad (1.5)$$

ν^n est la vitesse relative normale entre les particules i et j.

Ces relations de complémentarité permettent de poser le problème de la discontinuité entre l'avant et l'après contact. De plus, les collisions étant instantanées, on n'a pas unicité de la vitesse du choc. La question qui se pose est de savoir s'il faut prendre la vitesse avant, après le choc ou une combinaison des deux.

Moreau apporte une réponse en définissant une vitesse moyenne pondérée des grains (Eq.1.6), représentative de la vitesse relative du contact entre deux grains.

$$\begin{array}{rcl} V_m^t & = & \dfrac{e_t}{1+e_t}\nu_-^t + \dfrac{1}{1+e_t}\nu_+^t \\[2ex] V_m^n & = & \dfrac{e_n}{1+e_n}\nu_-^n + \dfrac{1}{1+e_n}\nu_+^n \end{array} \quad (1.6)$$

ν_+^n et ν_-^n sont respectivement les composantes normales de la vitesse avant et après impact.

ν_+^t et ν_-^t sont respectivement les composantes tangentielles de la vitesse avant et après impact.

e_n et e_t sont respectivement les coefficients de restitution tangentiel et normal.

La méthode de la dynamique de contact travaille ainsi avec les taux de restitution d'énergie à partir desquels est définie la vitesse moyenne pondérée, plus le coefficient de frottement de Coulomb en cas de frottement sec aux contacts. L'utilisation de ces trois coefficients rappelle un modèle de collision souvent employé que l'on nomme loi de choc à trois coefficients, et qui a été développé par Walton et al.[60] pour des collisions binaires. Ces trois coefficients sont liés à la nature du matériau. La particularité de la **DC**, par rapport à cette loi, est qu'au moyen de la vitesse moyenne pondérée, on est capable de traiter la non linéarité de plusieurs collisions à la fois. L'introduction de cette vitesse dans les relations de complémentarité permet de calculer les vitesses dans des conditions de non régularité et de gérer des contacts multiples en un seul pas de temps. C'est une des particularités de la méthode de la dynamique de contact. Cette vitesse moyenne lie directement le choc à la loi de contact. Ce formalisme fait de cette loi de contact une loi de contact complète. Les contraintes géométriques sont alors introduites dans la loi de contact et les conditions d'impénétrabilité sont vérifiées automatiquement.

La résolution numérique repose ensuite sur la discrétisation des équations de conservation de la quantité de mouvement et leur intégration par un schéma implicite par rapport à la vitesse sur un demi pas de temps.

En résumé, l'approche numérique de cette méthode prend en compte le caractère unilatéral des liaisons d'impénétrabilité avec la possibilité d'un frottement sec aux contacts et des lois de restitution gérant les collisions. Cette approche peut traiter des milliers de grains par la mise en équation exacte du problème. Ces aspects fortement non linéaires liés au comportement des milieux granulaires sont traités de manière différente dans une autre méthode : la dynamique moléculaire. En effet, la dynamique moléculaire ne repose pas sur la solution exacte du problème mais sur des approximations régularisantes.

1.2.4.2 Algorithme de la dynamique moléculaire (DM)

La dynamique moléculaire fait partie de l'école des corps déformables au contact. Ainsi, bien que les particules soient considérées comme rigides, on stipule qu'elles tolèrent une interpénétration qui justifie l'existence de leur contact mutuel. Des forces de répulsion schématisées par un système de ressorts et d'amortisseurs agissent dans le sens de leur séparation jusqu'à ce que l'interpénétration devienne nulle. La rigidité de ces ressorts contrôle donc directement la magnitude de l'interpénétration ; réciproquement, l'interpénétration détermine l'amplitude des forces de contact, alors que les amortisseurs permettent de dissiper de l'énergie au contact.

Un contact n'est donc pas traité comme un événement instantané mais ayant une petite durée appelée temps de choc. Cette interpénétration est interprétée comme une

1.2 Modélisation discrète

déformation infime des grains aux points de contact. Une fois détectés, les contacts intergranulaires sont gérés par des lois de comportement qui peuvent introduire de l'élasticité linéaire ou non linéaire, du frottement, du glissement, de l'amortissement. La résolution du problème repose ensuite sur l'intégration par des schémas explicites de l'équation fondamentale de la dynamique qui donnera tour à tour la vitesse et le déplacement des grains.

Selon Cundall [10], des hypothèses sont à vérifier pour une approche discrète selon l'algorithme de la dynamique moléculaire :

- Les particules sont rigides.
- Les particules sont autorisées à s'interpénétrer faiblement aux points de contact.
- L'interpénétration est reliée aux forces de contact par des lois de comportement au contact.
- Les conditions de glissement entre les particules sont données par la loi de Mohr Coulomb.

Principe Des disques rigides constituent dans un premier temps les éléments de cette méthode. Chaque particule est définie par son rayon, son moment d'inertie et ses propriétés au contact. Bien que rigide, les corps peuvent s'interpénétrer légèrement aux points de contact (Fig.1.4).

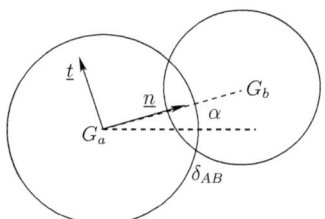

FIG. 1.4. *Contact entre particules circulaires*

Si l'on désigne par r^A et r^B les rayons respectifs des deux particules A et B, l'interpénétration sera formulée par (Eq.1.7) :

$$\delta_{AB} = \left(r^A + r^B\right) - |G^A G^B| > 0 \tag{1.7}$$

Dans ce cas, on définit les vecteurs normal $\underline{n}$ et tangentiel au contact $\underline{t}$.

$$\begin{aligned} \underline{n} &= \cos\alpha\,\vec{i} + \sin\alpha\,\vec{j} \\ \underline{t} &= -\sin\alpha\,\vec{i} + \cos\alpha\,\vec{j} \end{aligned}$$

La force statique résultante appliquée en A a deux composantes dont l'une est normale et l'autre tangentielle, selon la direction des vecteurs $\underline{n}$ et $\underline{t}$.

$$F^A = -\sum_B \left(f_n^{AB}\underline{n} + f_t^{AB}\underline{t}\right) \tag{1.8}$$

La composante normale de la force vaut :

$$f_n^{AB} = k_n \delta_{AB}$$

De façon plus élaborée, la force fait intervenir l'amortissement normal et s'écrit dans ce cas :

$$f_n^{AB} = k_n \delta_{AB} + \nu_n \left(V_{AB}.\underline{n}\right) \tag{1.9}$$

où

k_n : est le coefficient de rigidité normal au contact (Fig.1.5),

ν_n : est le coefficient d'amortissement normal,

V_{AB} : est la vitesse relative de A par rapport B.

La vitesse relative s'écrit :

$$V_{AB} = (V_A - V_B) + \left(\underline{W}^A \wedge \underline{r}^A - \underline{W}^B \wedge \underline{r}^B\right).\underline{t} \tag{1.10}$$

où

V_A et V_B : sont es vitesses respectives de A et B en translation,

$\underline{W}^A$ et $\underline{W}^B$: sont les vitesses respectives de A et B en rotation.

La composante tangentielle de la force statique s'écrit sous forme incrémentale :

$$\Delta f_t^{AB} = k_t \Delta u_t^{AB} \tag{1.11}$$

où

$$\Delta u_t^{AB} = \left(\underline{\Delta X}^A - \underline{\Delta X}^B\right).\underline{t}^{AB} + \underline{r}^A \underline{\Delta W}^A.dt - \underline{r}^B \underline{\Delta W}^B.dt \tag{1.12}$$

Lorsqu'on tient compte du frottement par la loi de Mohr-Coulomb, l'expression de Δf_t^{AB} s'écrit alors en fonction du coefficient de frottement intergranulaire.

$$|f_t^{AB}| \leq f_n^{AB}\tan\phi + c \tag{1.13}$$

où

c : est le coefficient de cohésion,

ϕ : est l'angle de frottement intergranulaire ($\mu = \tan\phi$, μ est le coefficient de frottement).

Finalement, on remarque que l'on travaille avec des coefficients liés à la nature du matériau comme k_t, k_n et μ qui doivent être obtenus expérimentalement. Ils ne sont pas toujours connus.

1.2 Modélisation discrète

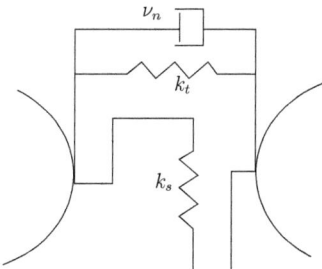

FIG. 1.5. *Modélisation du contact selon Cundall*

Résolution Dans cette méthode, le milieu est représenté par des éléments géométriques rigides qui interagissent par des lois de contact, et dont le mouvement est généralement piloté par le principe fondamental de la dynamique.

Le cycle de calcul de cette méthode se déroule de la façon suivante :

- Détection des contacts à un instant donné, entre les éléments qui peuvent s'interpénétrer. Ces contacts sont modélisés par des ressorts (pour les forces de répulsion) et des amortisseurs (pour la dissipation de l'énergie).

- Pour chaque contact, utilisation de la loi de comportement locale pour calculer les efforts d'interaction.

- Calcul de l'effort total appliqué sur chaque élément.

- Intégration par un schéma explicite du principe fondamental de la dynamique appliqué à chaque élément.

On présente ci-dessous le diagramme qui donne le cycle de calcul de cette méthode (Fig.1.6).

Le système différentiel à résoudre pour chaque grain est alors un système différentiel de la forme suivante :

$$\underline{\ddot{X}}(t) = \frac{\underline{F} + \underline{P}}{m} \qquad (1.14)$$

$$\underline{\ddot{W}}(t) = \frac{\underline{M}}{I} \qquad (1.15)$$

où

$\underline{\ddot{X}}$ est l'accélération d'une particule,

$\underline{\ddot{W}}$ est l'accélération angulaire de rotation d'une particule,

$\underline{F}$ est la somme des forces extérieures appliquées sur cette particule,

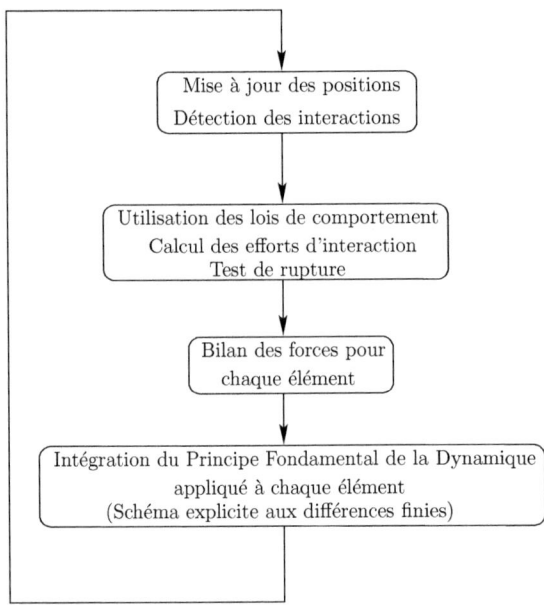

FIG. *1.6*. *Cycle de résolution de la DM*

$\underline{P}$ est son poids et m sa masse,

$\underline{M}$ est le moment des forces extérieures appliquées,

I est son moment d'inertie.

L'intégration numérique des équations (1.14 et 1.15) s'effectue grâce à un schéma numérique de type explicite (schéma des différences finies centrées).

Notons que le pas de temps du calcul doit être adapté à chaque cas étudié de façon à ce que la perturbation provoquée par un contact ne se propage qu'aux particules directement voisines en contact. C'est un des paramètres numériques qui conditionne la stabilité de la DM en plus des coefficients d'amortissement capables de dissiper de l'énergie au contact. Un compromis doit être trouvé selon les applications entre la rigidité des ressorts, le pas de temps et l'amortissement, utilisé fréquemment dans la direction normale au contact.

1.3 Modélisation continue

Le concept de milieu continu est une modélisation physique macroscopique issue de l'expérience courante, dont la pertinence est avérée selon les problèmes abordés et en fonction de l'échelle des phénomènes mis en jeu. Dans la formulation mathématique classique

1.3 Modélisation continue

de ce concept, un système mécanique est représenté par un volume constitué, au niveau microscopique, de particules. L'état géométrique de ces particules, de façon semblable à celui d'un point matériel, est caractérisé par la seule connaissance de leur position. La perception intuitive de la continuité se réfère à l'évolution du système : au cours de celle-ci, des particules initialement voisines demeurent voisines.

1.3.1 Description géométrique

La description lagrangienne identifie les particules par leur position dans une configuration du système prise comme référence, et décrit le mouvement en définissant la position de chaque particule, au cours de l'évolution, c'est-à-dire en se donnant sa trajectoire et son horaire de parcours. La continuité du milieu s'exprime par la continuité spatiale et temporelle de la correspondance entre la position initiale de la particule et sa position actuelle.

Quand on parle d'un milieu où la taille des particules est petite par rapport aux dimensions caractéristiques du problème, on utilise alors une modélisation *continue*. Par exemple le passage d'une description granulaire à une description continue s'effectue dès lors que l'on se place à une échelle beaucoup plus grande que celle des grains, qui ne permet plus de distinguer les grains : on a une impression de continuité.

Les lois de comportement les plus utilisées sont : lois élastiques linéaires et non linéaires, lois plastiques avec et sans écrouissage et les lois élastoplastiques combinant les deux à la fois. La plupart du temps, on suppose que les déformations sont petites devant les grandeurs caractéristiques du milieu, c'est l'hypothèse des petites perturbations. Cependant, les modèles en grandes transformations existent, mais étant donnée leur complexité, ils ne sont employés que lorsque les méthodes avec les petites perturbations donnent des résultats différents de la réalité.

Pour les applications ferroviaires, il suffit alors d'utiliser des lois de comportement élastiques, linéaires ou non. De même pour les enrobés bitumineux, loin des zones endommagées et fissurées, les lois élastiques, linéaires ou non, suffisent pour décrire le milieu.

Les lois élastiques peuvent se mettre sous la forme suivante :

$$\underline{\underline{\sigma}} = \underline{\underline{\underline{C}}} : \underline{\underline{\epsilon}} \qquad (1.16)$$

avec

$\underline{\underline{\sigma}}$: tenseur des contraintes de Cauchy,

$\underline{\underline{\underline{C}}}$: tenseur de comportement,

$\underline{\underline{\epsilon}}$: tenseur de déformation.

Notons bien que dans le cas linéaire, le tenseur de comportement est constant et dans le cas non linéaire il peut dépendre de la déformation.

L'apparition d'une boucle d'hystérésis au cours d'un cycle de chargement fermé crée une dissipation d'énergie dans le matériau. C'est une grandeur importante pour les phénomènes vibratoires surtout au voisinage de la résonance afin de maintenir une amplitude de déplacement limitée. Pour caractériser cet amortissement, deux grandeurs sont utilisées : l'énergie dissipée par cycle d'élément et le rapport de cette énergie à une énergie élastique de référence. L'amortissement a une grande importance mais en général, on sait très mal l'évaluer et le modéliser.

1.3.2 Résolution d'un modèle continu

Les méthodes utilisées pour résoudre un tel problème sont variées. Lorsque les calculs le permettent, des méthodes analytiques ou semi-analytiques sont employées, sinon on utilise des méthodes numériques plus complexes comme les éléments finis ou les éléments de frontières.

1.3.2.1 Méthodes semi-analytiques

L'application des méthodes semi-analytiques est limitée à des problèmes linéaires et de géométrie simple. Leurs avantages par rapport aux méthodes numériques se résument en ces points :

- pas besoin de créer un maillage,
- pas de difficulté avec la solution à l'infini,
- volume de calcul nettement moins important

Leurs inconvénients sont liés à la grande simplicité des structures étudiées, d'où une difficulté pour étudier des structures complexes.

1.3.2.2 Méthode des éléments finis

Dans le cas où l'on parle d'un comportement non-linéaire des matériaux, ou bien d'une structure complexe, il est difficile d'utiliser des méthodes semi-analytiques : la méthode des éléments finis doit être envisagée. La méthode des éléments finis est une méthode de discrétisation d'équations différentielles des milieux continus, avec des conditions aux limites, et qui permet une résolution par un calcul numérique. Cette méthode peut être utilisée pour les applications ferroviaires afin de modéliser la structure loin des zones où se produisent des phénomènes singuliers.

Pourtant, deux difficultés existent pour les éléments finis :

- La structure doit être discrétisée de telle sorte que les ondes puissent se propager, c'est-à-dire avec un maillage fin : la taille des éléments doit être plus petite que la longueur d'onde.

- Des frontières artificielles doivent être introduites pour décrire l'influence des domaines extérieurs car la structure n'est modélisée que sur un tronçon fini.

1.4 Couplage multi-échelle : continu/discret

1.4.1 Introduction

Le but principal dans la modélisation des matériaux est non seulement de comprendre les mécanismes qui régissent les processus mécaniques mais aussi de les prévoir et les commander. Un critère pour réussir la modélisation est la capacité de modéliser les géométries complexes avec les conditions de chargement imposées dans une variété d'expériences.

Par exemple, modéliser les grains de ballast tout le long d'une ligne à grande vitesse en utilisant la méthode des éléments discrets (MED) semble être très difficile et infaisable, surtout en 3D. Cette difficulté est due au temps de simulation très long et au coût de simulation très élevé. En utilisant la mécanique des milieux continus, pour des zones où des phénomènes singuliers se passent, on ne peut pas aboutir à des réponses exactes du comportement du matériau, d'où la nécessité des méthodes qui combinent les deux approches tout en mettant en évidence leurs avantages. Une section active de la recherche est en cours de développement dont le sujet est le couplage entre les milieux continus et discrets.

L'idée générale proposée se résume par l'utilisation d'une modélisation discrète dans les zones où des phénomènes singuliers se passent (fissures, endommagement *etc*) et dans le reste de la structure une modélisation continue capable de déterminer la réponse structurelle du milieu est suffisante (Aktas *et al.*, [1]).

À titre d'exemple, la simulation atomique fonctionne à l'échelle de la longueur interatomique et a la capacité de montrer les mécanismes de la déformation matérielle, tels que la rupture, la nucléation et la propagation des dislocations. Cependant, les limites de la puissance informatique interdisent l'analyse des systèmes micro-échelles en utilisant seulement la simulation atomique.

Les méthodologies couplées sont alors recommandées pour combler les lacunes des puissances informatiques. Cependant, la question principale revient à la façon de faire ce couplage afin d'éviter les effets de bords fictifs pouvant prendre naissance à l'interface du couplage. En dynamique, cette question revient à éviter la réflexion d'onde à l'interface. En statique cela revient au problème des forces fictives qui prennent naissance à l'interface. L'aspect de ces forces fictives dans un couplage continu/atomique provient d'une contradiction dans la formulation de l'énergie potentielle et c'est par conséquent un problème pour l'analyse dynamique, bien qu'il tend à être traité comme secondaire ou complètement négligé comparé à la question de la réflexion d'onde.

Le problème des forces fictives "Ghost forces" n'est pas limité au couplage discret/continu, en effet il a été étudié dans le contexte des méthodes continues multi-échelles (Fish *et al.*, [28]) en tant qu'essai pour réconcilier les représentations grossières et fines de la solution.

1.4.2 Définition d'un modèle multi-échelle

Un modèle multi-échelle générique est représenté dans la figure (1.7). Dans la figure (1.7(a)), un modèle idéal décomposé en deux régions est schématisé ; la première région est calculée à l'échelle atomique B^A tandis que la deuxième B^C est modélisée à l'aide de la mécanique des milieux continus. La majorité des méthodes de couplage utilise la méthode des éléments finis pour le calcul continu. Des conditions aux limites sous forme de tractions sur ∂B_t^C, de forces sur ∂B_t^A ou de déplacements sur ∂B_u^A et ∂B_u^C sont appliquées pour induire la déformation.

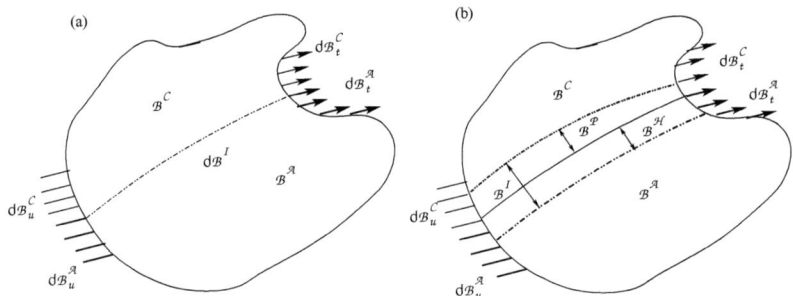

FIG. 1.7. *Modèle multi-échelle générique (a) partition idéale du domaine entre le continu et l'atomique (b) zone de couplage B^I où le continu et le discret doivent exister*

La clef de n'importe quelle méthode multi-échelle se trouve dans la manière de gérer la région d'interface (Fig.1.7(b)). La région d'interface B^I est divisée en deux parties : "handshake region" (B^H) et "padding region" (B^P). La "handshake region" n'est ni entièrement atomique ni entièrement continue. C'est une région où il y a un certain degré de mélange entre les deux descriptions du milieu. La "padding region" est de nature continue, toutefois elle est employée pour produire des atomes qui fournissent les conditions aux limites aux atomes des régions B^H et B^A. La loi de comportement des atomes dans la région B^P est déterminée à partir du champ de déplacement continu de la région B^C aux positions de ces atomes. Cependant, l'idée de la "handshake region" est de fournir une transition progressive de l'atomique au continu.

1.4.3 Formulation énergétique

L'énergie potentielle totale Π^{tot} du milieu B est la somme des énergies potentielles de chaque sous domaine qui le constitue (B^C, B^H et B^A). B^P est considéré comme une partie du continu (B^C). L'énergie totale du milieu s'écrit :

$$\Pi^{\text{tot}} = \Pi^A + \widehat{\Pi}^C + \widehat{\Pi}^H \tag{1.17}$$

1.4 Couplage multi-échelle : continu/discret

Le $\widehat{}$ sur le Π^C et Π^H signifie que l'énergie potentielle du continuum est approximée par la méthode des éléments finis. Les contributions énergétiques s'écrivent :

$$\Pi^A = \sum_{\alpha \in B^A} E^\alpha - \sum_{\alpha \in B^A} f^\alpha_{\text{ext}} \cdot \tilde{u}^\alpha \qquad (1.18)$$

$$\Pi^C = \int_{B^C} W(F) dV - \int_{\partial B^C_t} \bar{t}.u.dV \qquad (1.19)$$

où $\tilde{u}^\alpha$ est le déplacement de l'atome α, $u(X)$ est le champs de déplacement continu, E^α est l'énergie d'un atome, f^α_{ext} est la force appliquée sur un atome et $\bar{t}$ est l'effort de traction. W est l'énergie de déformation. L'énergie du continuum s'écrit sous sa forme approchée par la méthode de Gauss :

$$\widehat{\Pi}^C = \sum_{e=1}^{n_{\text{elem}}} \sum_{q=1}^{n_q} w_q V^e W(F(X^e_q)) - \overline{F}^T . \mathbb{U} \qquad (1.20)$$

où n_{elem} est le nombre d'éléments, V^e est le volume d'un élément e, n_q est le nombre de points de Gauss, w_q est le poids d'un point de Gauss, X^e_q est la position du point de Gauss q dans l'élément e dans la configuration de référence et $\overline{F}$ et $\mathbb{U}$ représentent les vecteurs de force appliquée et des déplacements nodaux dans la région d'EF.

L'énergie dans la "handshake region" est une combinaison entre l'atomique et le continuum en fonction d'un paramètre Θ variant entre 1 (à la frontière de B^H) et 0 (à la frontière de B^A). Cette énergie se formule :

$$\Pi^H = \sum_{\alpha \in B^H} (1 - \Theta(X^\alpha)) E^\alpha + \int_{B^H} \Theta(X) W(F(X)) dV \qquad (1.21)$$

L'énergie approchée de la "handshake region" s'écrit :

$$\widehat{\Pi}^H = \sum_{\alpha \in B^H} (1 - \Theta(X^\alpha)) E^\alpha + \sum_{e \in B^H} \Theta(X^e_{cent}) W(F(X^e_{cent})) V^e \qquad (1.22)$$

où X^e_{cent} est la position du point de Gauss dans l'élément e.

Pour les régions sans la "handshake region", l'énergie totale du milieu s'écrit :

$$\Pi^{\text{tot}} = \Pi^A + \widehat{\Pi}^C \qquad (1.23)$$

Connaissant les positions des atomes dans la région atomisitique B^A, les déplacements des noeuds dans la région EF, et une approximation des atomes de la "padding region", l'énergie totale formulée dans les équations (1.17, 1.23) est calculée.

1.4.4 Ghost forces

Grâce aux approximations faites dans le calcul énergétique, des erreurs connues sous le nom des "Ghost forces" (définies pour la première fois par Shenoy et al. [52]) sont observées. Pour mieux expliquer les origines de ces forces qui n'ont pas un sens physique, considérons un modèle où les atomes sont dans leurs positions d'équilibre, et les EF ne sont pas déformés. Physiquement, une configuration d'équilibre doit exister où la somme des forces est nulle. Cependant, toute autre force existante sur un atome ou un noeud n'a pas de sens. Ces forces non physiques sont appelées "Ghost forces".

Considérons l'équation d'équilibre énergétique (Eq.1.23) sans la "handshake region". Cette énergie est l'approximation d'un système complètement atomique qu'on la note Π^{atom}. Cette énergie est une contribution des deux régions atomique B^A et continu B^C, elle s'écrit :

$$\Pi^{\text{atom}} = \Pi^{\text{atom},A} + \Pi^{\text{atom},C} \qquad (1.24)$$

où $\Pi^A = \Pi^{\text{atom},A}$ et $\widehat{\Pi}^C$ est une approxiamtion de $\Pi^{\text{atom},C}$. Considérons un atome α dans la région B^A proche de l'interface et qui interagit avec des atomes dans B^C. Dans la description atomique, un atome est soumis à la force suivante :

$$f^\alpha = -\frac{\partial \Pi^{\text{atom},A}}{\partial \tilde{u}^\alpha} - \frac{\partial \Pi^{\text{atom},C}}{\partial \tilde{u}^\alpha} = -\frac{\partial \Pi^A}{\partial \tilde{u}^\alpha} - \frac{\partial \Pi^{\text{atom},C}}{\partial \tilde{u}^\alpha} \qquad (1.25)$$

Dans l'état d'équilibre, la force $f^\alpha = 0$, d'où :

$$\frac{\partial \Pi^A}{\partial \tilde{u}^\alpha} = -\frac{\partial \Pi^{\text{atom},C}}{\partial \tilde{u}^\alpha} \qquad (1.26)$$

Cependant l'équilibre du système dans l'équation (Eq.1.23) implique l'égalité suivante :

$$\frac{\partial \Pi^A}{\partial \tilde{u}^\alpha} = -\frac{\partial \widehat{\Pi}^C}{\partial \tilde{u}^\alpha} \qquad (1.27)$$

La condition d'équilibre dans l'équation (Eq.1.26) ne peut être donc vérifiée que si :

$$\frac{\partial \widehat{\Pi}^C}{\partial \tilde{u}^\alpha} = \frac{\partial \Pi^{\text{atom},C}}{\partial \tilde{u}^\alpha} \qquad (1.28)$$

Dans le cas où cette égalité n'est pas satisfaite, la différence entre les membres de l'égalité de l'équation (Eq.1.28) est nommée "Ghost forces".

1.4.5 Famille de méthodes de résolution

Plusieurs méthodes de couplage entre les milieux discrets et continus envisagent au départ un modèle microscopique à échelle fine, et en déduisent le modèle grossier à échelle macroscopique. Deux cas sont alors envisagés pour ce type de couplage : le cas des singularités locales et le cas des singularités non locales.

Dans le premier cas, où les singularités sont locales, la résolution se fait de deux manières : décomposition du domaine en des zones discrètes et continues, puis couplage entre les deux (Frangin et al., [16]) ou déraffinement progressif du modèle discret (Tadmor et al., [56]).

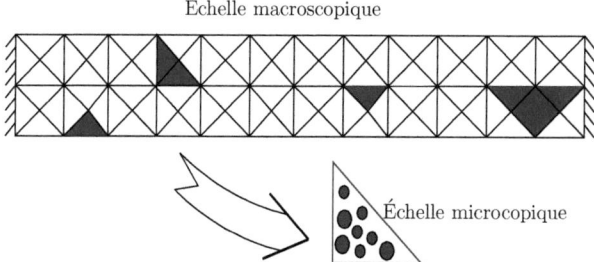

FIG. 1.8. Singularités non localisées

Dans le deuxième cas où les singularités sont non locales (Fig.1.8), le calcul se fait à l'échelle micro aux endroits de ces singularités. À l'aide des lois de comportement qui lient les déformations (Eq.1.29) et les contraintes (Eq.1.30) aux échelles micro-macro, on déduit le modèle macro associé.

$$\epsilon_{\text{Macro}} = \frac{1}{|\Omega|} \int \epsilon_{\text{micro}} \, d\Omega \qquad (1.29)$$

$$\sigma_{\text{Macro}} = \frac{1}{|\Omega|} \int \sigma_{\text{micro}} \, d\Omega \qquad (1.30)$$

En résumé, les méthodes de couplage discret/continu peuvent être classées en trois catégories : méthodes "top-down", méthodes "bottom-up" et méthodes "directes".

1.4.5.1 Méthodes "bottom-up"

L'idée de la méthode du "bottom-up" est de résoudre les équations non-linéaires à l'échelle macroscopique par extraction des lois de comportement à partir de la description atomique à l'échelle nano.

Dans un premier travail, Kohlhoff et al. [55] ont développé la méthodologie *FEAt* combinant les modélisations atomique et continue. Le concept de cette méthode revient à utiliser un réseau atomique entouré par un maillage d'EF avec une zone de recouvrement "padding region" limitée où des conditions limites aux bords des deux zones sont imposées. La "handshake region" n'existe pas dans cette méthode. La base du calcul de cette approche se fait par le calcul des forces sur chaque ddl et non l'énergie du système comme la majorité des méthodes de couplage développées plus loin. Les forces sur les atomes de la zone atomique B^A sont calculées à partir de la dérivée de l'énergie par rapport aux positions des atomes, comme si la région continue n'existent pas. Cette énergie est formulée par :

$$\Pi^{A \cup P} = \sum_{\alpha \in \{B^A \cup B^P\}} E^\alpha - \sum_{\alpha \in \{B^A \cup B^P\}} f^\alpha_{\text{ext}}.\tilde{u}^\alpha \quad (1.31)$$

D'une manière similaire, les forces sur les noeuds des EF sont obtenues par dérivation de l'énergie de la région B^C par rapport aux positions des noeuds. Cette énergie s'écrit :

$$\widehat{\Pi}^C = \sum_{e=1}^{n_{\text{elem}}} \sum_{q=1}^{n_q} w_q V^e W(F(X_q^e)) - \overline{F}^T.\mathbb{U} \quad (1.32)$$

La consistance de cette méthode est réalisée en exigeant l'égalité des contraintes atomiques et continues dans la "padding region". Le modèle *FEAt* fonctionne bien pour des simulations statiques, mais un comportement anormal est remarqué pour les simulations dynamiques. Cette méthode a l'inconvénient inhérent que le maillage *EF* dans la région de recouvrement doit être raffiné de sorte que l'espacement nodal soit à l'échelle atomique avec des positions nodales déterminées par la structure de *réseau atomique*.

Plus récemment, Tadmor et al., [56] ont développé la méthode du *Quasicontinuum* où ils emploient un maillage d'EF sur le domaine tout entier et exigent un raffinement du maillage à l'échelle atomique dans les régions de déformation singulière. Comme la méthode *FEAt*, la *QC* n'emploie pas une "handshake region" dans la zone de couplage. L'énergie de l'équation (Eq.1.24) est utilisée. Connaissant les positions des atomes dans le milieu $x^\alpha (\alpha = 1.......N_A)$, l'énergie atomique s'écrit :

$$\Pi = \mathcal{E}(\tilde{u}^1,......,\tilde{u}^{N_A}) - \sum_{\alpha=1}^{N_A} f^\alpha_{\text{ext}}.\tilde{u}^\alpha \quad (1.33)$$

avec $\tilde{u}^\alpha = x^\alpha - X^\alpha$, où X^α est une configuration de référence pour les atomes. $\mathcal{E}$ est l'énergie d'interaction des atomes. En notant $\tilde{u} = \{\tilde{u}^1,......,\tilde{u}^{N_A}\}$, l'énergie des interactions atomiques se reformule par :

$$\mathcal{E}(\tilde{u}^1,......,\tilde{u}^{N_A}) = \sum_{\alpha=1}^{N_A} E^\alpha(\tilde{u}^1,......,\tilde{u}^{N_A}) = \sum_{\alpha=1}^{N_A} E^\alpha(\tilde{u}) \quad (1.34)$$

Les auteurs de cette méthode utilisent la terminologie des "representative atom" qui représentent les atomes retenus dans le modèle. Par exemple, autour d'une fissure (Fig.1.9), tous les atomes sont des "representative atom" (repatom). Dans le modèle continu, le milieu est maillé avec des éléments finis triangulaires dont les noeuds sont les "repatom". Ainsi, les déplacements des autres atomes dans le milieu qui ne sont pas des repatoms seront calculés par interpolation. L'énergie potentielle des atomes devient une fonction du vecteur de déplacement $\mathbb{U}$ des noeuds/repatoms :

$$\mathcal{E}(\mathbb{U}) = \sum_{\alpha=1}^{N_A} E^\alpha(\tilde{u}(\mathbb{U})) \qquad (1.35)$$

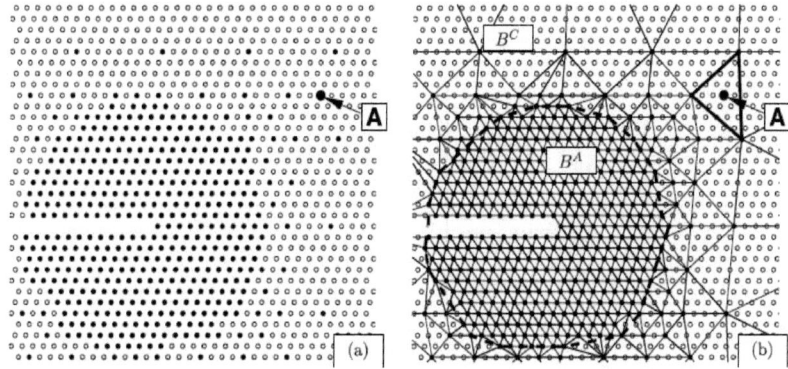

FIG. 1.9. (a)Repatoms selectionnés à coté d'une fissure, qui seront maillés par des éléments finis triangulaires dans (b)

Après le maillage en EF, la division du milieu en région continue et atomique devient nécessaire et l'énergie du système s'écrit :

$$\mathcal{E}(u) = \sum_{\alpha \in B^A} E^\alpha(\tilde{u}(\mathbb{U})) + \sum_{\alpha \in B^C} E^\alpha(\tilde{u}(\mathbb{U})) \qquad (1.36)$$

Dans la région B^C, chaque atome subit une déformation uniforme notée $\mathbf{F}$, ainsi l'énergie d'interaction s'écrit : $E^\alpha \approx \Omega_0 W(\mathbf{F}(\mathbf{X}^\alpha))$. La forme finale de l'énergie du système devient :

$$\mathcal{E}(u) = \sum_{\alpha \in B^A} E^\alpha(\tilde{u}(\mathbb{U})) + \sum_{e \in B^C} \Omega_0 W(F^e) \qquad (1.37)$$

Le nombre de ddls est réduit grâce aux "repatoms" et au remaillage EF du domaine entier. La consistance entre les maillages grossier et raffiné est réalisée en utilisant la règle de *Cauchy-Born* qui égalise l'énergie de liaison interatomique et l'énergie potentielle continue afin de développer un modèle de comportement non linéaire basé sur le potentiel interatomique utilisé pour les simulations atomiques. Plusieurs études (Tadmor *et al.*, [57], Knap & Ortiz, [32], Shenoy *et al.*, [52], Miller *et al.*, [38], Fanlin *et al.*, [18], Eidel *et al.*,[17] et Miller & Tadmor, [39]) ont été menées sur la méthode *Quasicontinuum* afin d'analyser ses limitations et de surmonter le problème des forces fictives. La majorité de ces méthodes parte d'un modèle discret, déraffiné en un modèle continu (exemple de la nanoindentation Fig.1.10).

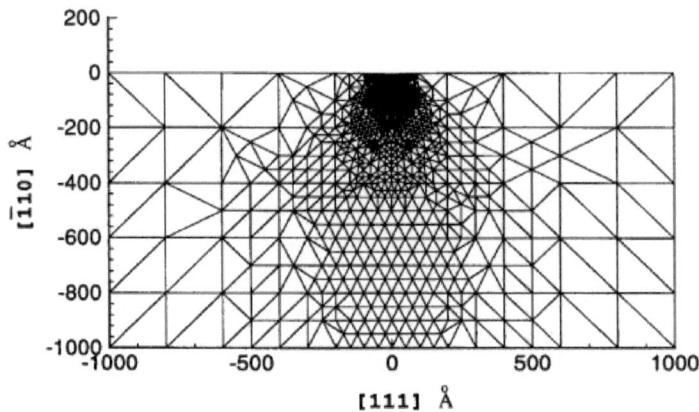

FIG. *1.10*. Schéma illustrant le phénomène de la nanoindentation *(Tadmor et al. [56])*

Tandis que l'approche de *QC* permet une combinaison entre l'atomique et le continu, elle possède les inconvénients de la dépendance d'un maillage raffiné à l'échelle atomique avec un temps de calcul intensif et une incapacité à éliminer des effets de bords fictifs à la frontière de passage local/non local.

Wagner *et al.* [58] ont développé l'approche du *BSD* (Bridging Scale Decomposition) qui emploie un maillage d'EF pour le domaine entier avec de petites régions atomiques qui nécessitent une précision élevée en modélisation. La simulation atomique est effectuée de la façon habituelle et la solution de déplacement continues pour la maille sous-jacente est déterminée à partir de la projection des déplacements atomiques en utilisant les fonctions de forme des *EF*. Cette projection est connue comme étant l'échelle de recouvrement. C'est la partie de la solution atomique qui doit être soustraite du total afin de séparer les déplacements sur une échelle grossière, résoluble à la fois à l'échelle du maillage continu et à l'échelle fine. Pour la zone d'*EF* qui ne contient pas les atomes fondamentaux, la solution continue est résolue à l'aide de la mécanique des milieux continus. Le couplage entre les deux régions s'établit à l'aide des expressions des forces sur les atomes et les noeuds tout en employant les atomes *Ghost* qui interagissent avec les atomes libres à la frontière atomique/EF et dont les déplacements sont déterminés par l'interpolation du champ de déplacement des *EF*. Pour les problèmes dynamiques, Wagner *et al.* [58] a réduit au minimum les réflexions d'onde à la frontière atomique/EF en employant l'équation de Langevin pour expliquer l'effet des degrés de liberté absents à l'échelle fine dans la maille d'EF.

1.4 Couplage multi-échelle : continu/discret

Park et al. [44] ont prolongé la méthode du *BSD* en 2D et 3D en calculant numériquement la force d'impédance résultante qui doit être éliminée afin de représenter les ddls absents à l'échelle fine (Fig.1.11). Ils ont employé cette prolongation pour simuler la propagation d'onde élastique et la progression des fissures en dynamique.

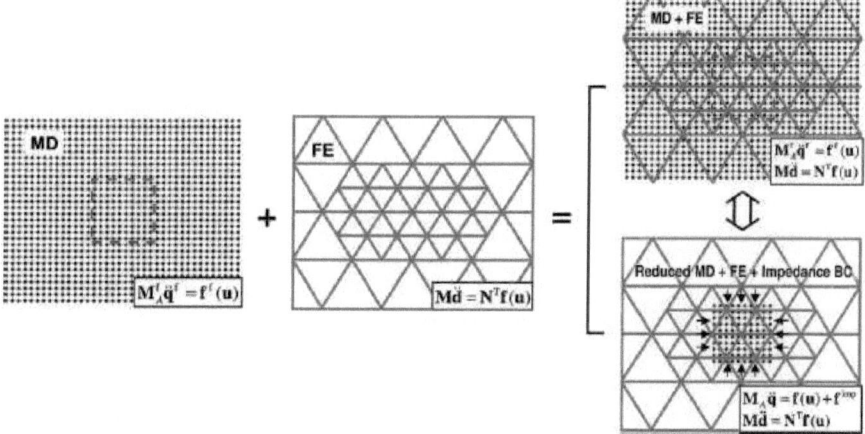

FIG. 1.11. *Représentation de l'approche "BSD" de Park et al. ; les solutions continue et discrète sont couplées grâce à la technique de projection*

En résumé, l'approche du *BSD* possède beaucoup d'avantages. Cependant, aucun des auteurs (Wagner et al., [58], Park et al., [44]) n'a indiqué la procédure de partition de l'énergie potentielle d'une manière uniforme dans les éléments de la zone de recouvrement définie par les noeuds libres et projetés, contenant les liaisons entre les atomes libres et *fictifs*. Cette division est le facteur principal de la minimisation des forces fictives dans la zone de recouvrement.

1.4.5.2 Méthodes "top-down"

L'idée de cette famille de méthodes est de traiter les atomes par paquet "coarse grain" et de construire une énergie associée qui converge vers l'énergie atomique exacte pour dériver les équations du mouvement.

La *Coarse-Grained-Molecular Dynamics* (CGMD), méthode créée par Rudd, [49] consiste à remplacer le "réseau atomique" fondamental par des noeuds (Fig.1.12) représentant différents atomes ou une collection moyenne d'atomes lourds. L'énergie totale du système est calculée à partir des énergies potentielles et cinétiques des noeuds ainsi que d'une limite d'énergie thermique pour les degrés de liberté absents supposés être à une température uniforme. Les nouvelles versions de CGMD incluent l'exécution d'une équation généralisée de Langevin pour absorber des mouvements à haute fréquence non représentables dans les régions à échelle grossière. La *CGMD* produit des spectres de phonons et une réflexion minimale à la frontière de couplage, bien que leurs résultats étaient en 1D.

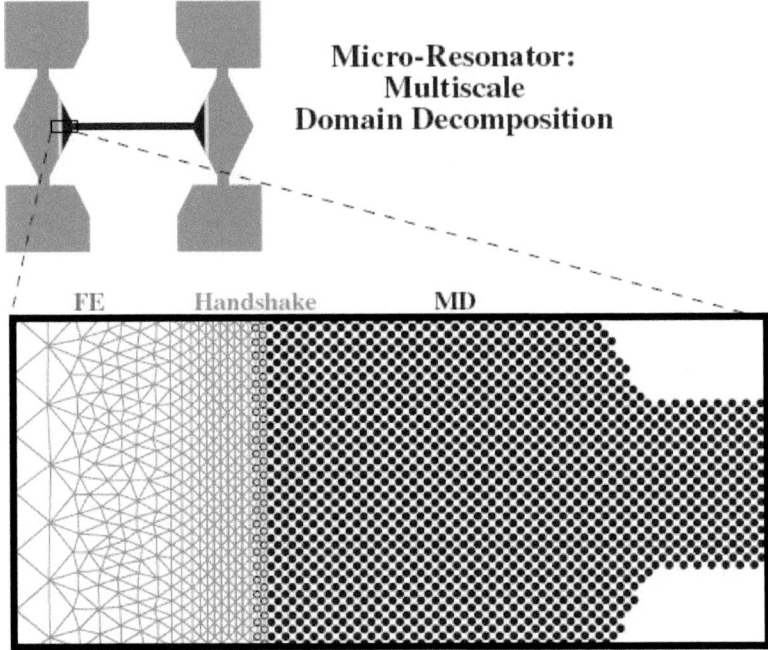

FIG. *1.12*. *Partition du système micro-résonnateur en deux régions moléculaire dynamique et éléments finis; (Rudd [49])*

Une autre approche pour des calculs de la dynamique et de la statique moléculaire est développée par (Fish *et al.*, [19]). Cette méthode appelée *Multigrid briding approach* (MBA) est basée sur les principes d'une approche multi-échelle (Fig.1.13) et employée pour résoudre des système suffisement large. Les auteurs ont prouvé que la matrice de rigidité du modèle grossier obtenue par restiction du modèle atomique coïncide avec celle du modèle continu équivalent au modèle atomique.

Par la suite, le modèle continu équivalent est proposé pour des études moléculaires dynamique et statique et les estimations montrent la convergence du modèle mutli-échelle proposé.

1.4 Couplage multi-échelle : continu/discret

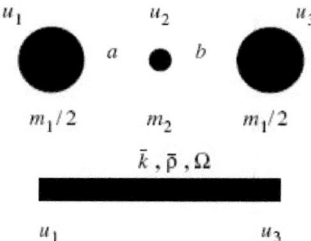

Fig. 1.13. *Volumes élémentaires représentatifs atomique et continu (Fish et al., [19])*

1.4.5.3 Méthodes "directes"

L'idée de cette famille est de décomposer le domaine spatial en une partie continue, une partie atomique et une partie interface "handshake".

Plus semblable à la méthodologie de *Kohlhoff*, l'approche de *MAAD* (Molecular Atomistic ab-initio Dynamic), proposée par Broughton et al. [4], sépare le système physique dans les régions distinctes du discret et du continu (Fig.1.14). L'Hamiltonien total du système se compose des contributions de chaque région et d'une contribution de la zone de couplage. La maille d'EF dans cette zone est raffinée à l'échelle atomique et les noeuds occupent les positions que les atomes occuperaient si la région atomique était prolongée dans le domaine d'EF. De l'énergie cinétique est attribuée aux noeuds et aux atomes dans la zone de couplage, tandis que loin de cette zone, des termes uniformes en température sont ajoutés pour expliquer les degrés de liberté absents, comme dans la *CGMD*.

La *MAAD* a montré avec succès la transmission et le passage des ondes élastiques entre les régions atomique et continue, mais elle souffre des mêmes limitations que la *CGMD*. Près de la zone de couplage, le mouvement cinétique des atomes est transféré dans le mouvement dynamique des noeuds. Ceci permet à la température d'être représentée comme un mouvement dans les noeuds de la région continue, à la différence des atomes qui n'ont aucune signification physique et sont présentés seulement en tant qu'éléments de la modélisation numérique. La solution devrait être indépendante des positions nodales, ce qui n'est pas le cas pour les simulations atomiques. En résumé, cette méthode n'utilise pas de paramètres lors du calcul et donne des résultats très précis mais elle est coûteuse et n'est pas adaptée aux grands systèmes.

Les méthodes de couplage citées ci-dessus ont réussi à simuler avec succès la déformation des matériaux telle que la nucléation de dislocation, la nanoindentation, la rupture dynamique du silicium *etc*. Cependant, les faiblesses de ces méthodes prouvent que plus de considération est nécessaire en développant une approche couplée atomique-continue. Spécifiquement, les méthodes telles : *FEAt*, le *MAAD* et le *BSD* ne fournissent pas une base rigoureuse pour la façon de répartir l'énergie potentielle entre les liaisons atomiques et les éléments continus dans les zones de recouvrement.

L'approche *MAAD* recouvre de l'atomique et du continu dans une région extrêmement

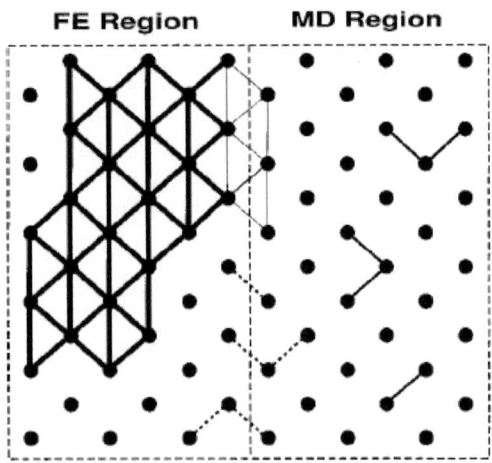

FIG. *1.14*. *Noeuds représentatifs dans un réseau atomique (Rudd et al. [49])*

petite, et combine arbitrairement la moitié de l'énergie des liaisons atomiques et la moitié de l'énergie de déformation du milieu continu afin d'avoir l'équivalent de l'hamiltonien dans la zone couplée. Par contre l'approche *BSD* emploie une zone de couplage plus large et utilise le mécanisme des atomes *Ghost*. Cependant, les atomes *Ghost* sont présentés d'une façon *ad-hoc* et leur existence n'est pas inclus dans les équations d'équilibre. En outre, les auteurs n'indiquent pas non plus comment compter les liaisons entre les atomes libres et *Ghost* ou comment la densité de telles liaisons devraient contribuer à l'énergie de déformation dans les éléments de recouvrement.

Le problème de la division de l'énergie potentielle a été en grande partie négligé, et est souvent simplifié dans beaucoup de méthodologies comme la méthode de couplage avec recouvrement de Belytschko *et al.* [61]. Dans leur article, les auteurs développent une approche de couplage avec recouvrement entre le moléculaire et le continu. Dans la zone de recouvrement, la méthode lagrangienne a été utilisée pour imposer les contraintes cinématiques. L'hamiltonien est considéré comme une combinaison linéaire entre celui de l'atomique et du continu (Eq.1.38).

$$H = (1 - \alpha) H_{EF} + \alpha H_{ED} \qquad (1.38)$$

Cette combinaison est effectuée à l'aide du paramètre α qui est le rapport de la distance d'un point à l'intérieur de la zone de recouvrement (Fig.1.15) et d'un autre situé à la frontière de cette zone, sur la longueur totale de cette zone. Ils constatent que ce rapport est insuffisant pour éliminer les réflexions d'ondes haute fréquence dans les systèmes bidimensionnels.

1.4 Couplage multi-échelle : continu/discret

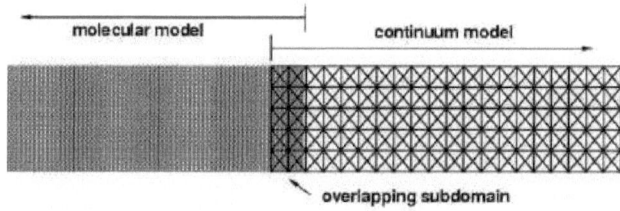

FIG. 1.15. *Méthode de couplage par recouvrement en EF (Belytschko et al., [61]).*

Cette approche de couplage avec recouvrement a été modifiée par Frangin *et al.*, [21]. La méthode par recouvrement utilise dans la zone de superposition (Fig.1.16) un hamiltonien, combinaison linéaire du hamiltonien discret et du hamiltonien continu.

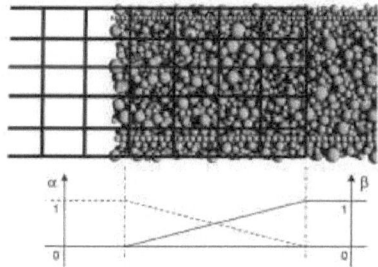

FIG. 1.16. *Zone de recouvrement et paramètres de recouvrement (Frangin et al.[21])*

Les paramètres de recouvrement, α et β dans la figure (Fig.1.16), sont introduits respectivement sur les noeuds EF et les ED. Ils varient linéairement entre 0 et 1 le long du recouvrement et ils sont constants dans l'épaisseur. Ces paramètres sont équivalents à ceux utilisés par Xiao *et al.* [61]. Ils permettent d'assurer d'une façon continue la partition énergétique entre les domaines modélisés par EF et ED. On peut parler de zone de transition. Dans la méthode "Arlequin" (BenDhia, [14]), le paramètre de recouvrement utilisé n'assure pas nécessairement ce passage progressif entre les domaines, ce qui peut introduire des réflexions supplémentaires.

Dans la zone de couplage, les ddls discrets sont liés aux ddls continus à l'aide des multiplicateurs de Lagrange λ^α. L'énergie potentielle dans cette zone se formule alors :

$$\widehat{\Pi}^H = \sum_{\alpha \in B^H} (1 - \Theta(X^\alpha))E^\alpha + \sum_{e \in B^H} \Theta(X^e_{cent})W(F(X^e_{cent}))V^e + \sum_{\alpha \in B^H} \left[\beta_1 . \lambda^\alpha . h^\alpha + \frac{\beta_2}{2} . h^\alpha . h^\alpha \right]$$
(1.39)

où β_1 et β_2 sont des coefficients de pénalité et $h^\alpha = u(X^\alpha) - \tilde{u}^\alpha$ est la différence entre les déplacements continus et discrets dans la "handshake region".

À son tour, BenDhia ([14], [15]) a introduit sa méthode "Arlequin" comme un outil flexible dans l'ingénierie civile (Fig.1.17). Cette méthode est capable d'introduire des déformations singulières (fracture, inclusion *etc*) avec une grande flexibilité dans le modèle grossier global. De plus, cette méthode est capable de changer le comportement local en un autre global simplifié d'un matériau donné.

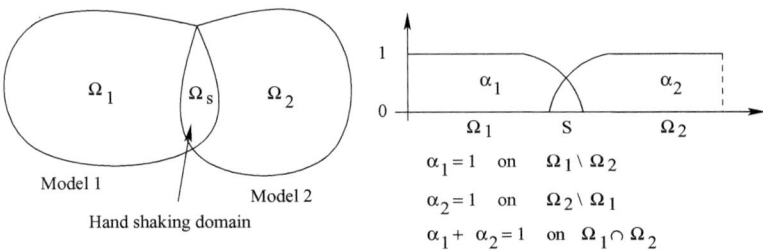

FIG. *1.17. Méthode Arlequin : Overlapping domains*

Dans la méthode "Arlequin" l'énergie totale du système est formulée ainsi :

$$E_{\text{system}} = E^{(\Omega_1 \setminus \Omega_2)}(u_1) + E^{(\Omega_2 \setminus \Omega_1)}(u_2) + \alpha_1 E^{(\Omega_s)}(u_1) + \alpha_2 E^{(\Omega_s)}(u_2) \qquad (1.40)$$

$E^{(\Omega_1 \setminus \Omega_2)}(u_1)$ et $E^{(\Omega_2 \setminus \Omega_1)}(u_2)$ sont respectivement les énergies potentielles des solutions u_1 et u_2 dans les domaines Ω_1 et Ω_2 privés du domaine d'intersection Ω_s. $E^{(\Omega_s)}(u_1)$ et $E^{(\Omega_s)}(u_2)$ sont respectivement les énergies potentielles du domaine d'intersection des solutions u_1 et u_2.

Comme déjà mentionné, la division inexacte de l'énergie potentielle du système mène aux forces fictives agissant sur des atomes et des noeuds dans la zone de couplage. Ces forces connues souvent sous le nom des *Ghost* forces ont été un sujet de discussion pour le développement continu des méthodes de couplage atomique/continu. Par exemple, l'article de Curtin *et al.*, [11] détaille les origines et les effets des *Ghost* forces qui surgissent en raison de l'utilisation de la méthode de *QC*. Ils revisitent également l'approche de Shenoy *et al.*, [52] pour déterminer les corrections qui peuvent être proposées à la méthodologie de *QC* pour compenser les *Ghost* forces. Tandis que l'introduction des corrections est remarquable, elles mènent inévitablement à des inexactitudes une fois que le cristal est déformé, même pour des conditions de charge homogènes.

Un travail plus récent est celui de Klein *et al.*, [31], décrivant la formulation d'une méthode pour calculer l'énergie potentielle d'un système couplé qui s'applique aux analyses quasistatiques et dynamiques. L'approche utilise une formulation d'EF couvrant les parties du domaine de calcul des déplacements à l'échelle grossière, alors que les régions les plus

1.4 Couplage multi-échelle : continu/discret

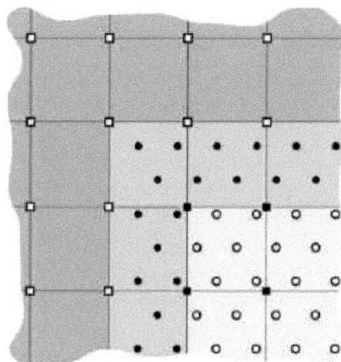

FIG. 1.18. *Représentation de l'approche couplée atomique-continue avec les différentes zones ; Klein et Zimmerman [31]*

intéressantes sont couvertes avec du cristal atomique pour calculer les déplacements à l'échelle fine (Fig.1.18).

Une conséquence inévitable de la formulation du domaine de recouvrement est la question de la façon dont chaque échelle contribue à l'énergie potentielle autour des bords des régions atomiques. L'inconsistance dans cette division crée des forces fictives. Loin des bords des régions atomiques, l'énergie potentielle est calculée entièrement à l'aide des contributions atomiques et continues dans les régions respectivement atomiques et continues. L'approche de couplage proposée pour éliminer les forces fictives exige l'emploi d'un modèle basé sur les *bornes de Cauchy* afin de définir la réponse en contrainte dans le milieu continu. Ces modèles incorporent directement la structure des réseaux et les potentiels interatomiques de la description atomique leur permettant de reproduire exactement la réponse d'un cristal infini et sans défaut, sujet aux déformations finies et homogènes.

Les cinématiques de couplage entre les champs à échelles grossière et fine, par les opérateurs d'interpolation et de projection, sont explicitement incluses dans l'état de l'énergie potentielle du système, qui provoque alors naturellement des expressions couplées des forces agissant à chaque échelle. Le but d'employer les opérateurs de projection et d'interpolation pour faire la liaison entre échelles grossière et fine, combiné avec la minimisation directe des forces fictives, est de permettre au cristal et aux mailles de se recouvrir arbitrairement. Par arbitraire, on veut dire qu'aucune correspondance spéciale n'est exigée entre l'endroit des atomes ou l'arrêt des cristaux et les positions des noeuds ou les frontières d'éléments dans le maillage d'EF.

1.5 Conclusion

Ces efforts confirment que la question de la façon de diviser l'énergie dans la zone de couplage atomique/continu nécessite d'être posée correctement afin de maintenir l'intégrité des deux vues de la déformation matérielle, atomique et continue, et d'obtenir des solutions précises. Tenant compte des facteurs mentionnés ci-dessus, une approche couplant les milieux continus et discrets est proposée. Dans celle ci les paramètres mécaniques du milieu sont calculés d'une manière indirecte sans avoir recours au calcul de l'énergie potentielle, et par suite on peut échapper au problème de partition d'énergie dans la zone de transition. Deux applications sont envisagées pour cette approche. En premier, un modèle unidimensionnel de poutre sur appuis élastiques va être étudié en statique ainsi qu'en dynamique. La deuxième application porte sur un modèle de maçonnerie en 2D.

Deuxième partie

Modèle de poutre 1D

Chapitre 2

Approches discrète et continue

CE CHAPITRE *est consacré à l'étude d'un modèle de poutre unidimensionnel. Ce modèle est étudié suivant deux approches : une approche discrète à l'échelle fine et une approche continue à l'échelle macroscopique. Après une étude théorique du modèle, le calcul est implémenté dans un code MATLAB. Une famille de cas tests traitant des problèmes de voies ferrées est proposée. Une comparaison des solutions calculées à partir des deux approches est faite. Le chapitre est clos par une conclusion qui illustre les cas où l'approche continue ne remplace pas l'approche discrète.*

Sommaire

2.1	**Introduction**	**48**
2.2	**Position du problème**	**48**
2.3	**Approche Discrète**	**49**
	2.3.1 Résolution analytique	51
2.4	**Approche continue**	**54**
	2.4.1 Résolution analytique	54
	2.4.1.1 Calcul des paramètres	57
	2.4.1.2 Conditions de continuité	58
2.5	**Simulations numériques**	**59**
	2.5.1 Algorithme de résolution	59
	2.5.2 Valeurs des paramètres mécaniques	60
	2.5.3 Validation numérique	61
	2.5.4 Classe des cas tests numériques	62
	2.5.4.1 Différence entre les deux approches	63
	2.5.4.2 Raideurs homogènes à valeurs élevées ..	63
	2.5.4.3 Raideurs homogènes à faibles valeurs : .	64
	2.5.4.4 Raideurs homogènes par morceau	65
	2.5.4.5 Influence de la taille de la zone de faiblesse	67
	2.5.4.6 Raideurs oscillantes	67
	2.5.4.7 Raideurs hétérogènes	70
	2.5.4.8 Raideurs arbitraires	70
2.6	**Conclusion**	**72**

2.1 Introduction

Dans l'objectif d'établir une approche générale de couplage entre les milieux discrets et continus, capable de traiter par exemple les problèmes ferroviaires, un modèle de voie ferrée est proposé pour une étude suivant deux approches : discrète et continue. Dans la modélisation des voies ferrées, le rail est considéré comme une poutre en flexion couplée avec la structure d'assise en dessous. Pour simplifier la complexité des structures d'assise, nous supposons la continuité et l'uniformité des différentes composantes (blochets, traverses, grains de ballast...) dans la direction horizontale. Cette supposition conduit à un problème de poutre posée sur un enchaînement de systèmes masse-ressort-amortisseur. Dans le modèle proposé nous allons considérer un seul ressort dans le sens vertical sans amortisseur et un ressort à comportement élastique remplace un blochet, une traverse et les grains de ballast en dessous.

Une comparaison entre les comportements discret et continu est nécessaire. Elle permet de clarifier les raisons d'application d'une approche couplée. La différence entre le comportement discret et continu met en question les capacités d'une approche continue à reproduire un comportement identique à celui d'une approche discrète. Initialement, l'approche couplée suggérée est une approche continue avec un maillage à échelle grossière. Dans les zones où l'approche continue est incapable de reproduire le même comportement que le discret, le maillage est raffiné suivant des critères à définir. En effet, le fait de choisir une approche continue qui décrit l'approche discrète à une échelle macroscopique comme approche de départ permet d'éviter toute réflexion d'onde possible au passage entre l'échelle grossière et l'échelle fine du maillage dans le cas dynamique. La longueur d'onde adaptée à la taille des éléments grossiers est sûrement adaptée à celle des éléments à l'échelle fine. Ce type de modèle a déjà été étudié par (Ricci *et al.*, [35], Nguyen *et al.*, [42] et Nguyen *et al.*, [43]). On cite aussi les travaux de (Bodin *et al.*, [3] Kerr *et al.*, [29, 30], Dalaei & Kerr, [12] et aussi Grissom & Kerr, [22]).

Ce chapitre est consacré aux développements des deux approches discrète et continue et aux simulations numériques des problèmes des voies ferrées (usure des traverses, mauvaise répartition des grains de ballast sous le rail *etc*).

2.2 Position du problème

Dans le but de donner une idée claire sur le comportement du ballast sous les rails d'un TGV en 2D ou 3D, nous proposons un modèle (1D) où le rail est modélisé par une poutre reposant sur des ressorts linéaires à comportement élastique comme les appuis de la poutre. La raideur des ressorts peut être très différente d'une traverse à l'autre. Une charge F sollicite le système. La charge est appliquée à une distance D de l'une des deux extrémités de la poutre. Dans un premier temps, la charge est supposée fixe, on s'intéresse donc au problème statique. Nous cherchons alors à calculer la flèche de la poutre ainsi que les efforts sous les traverses. Cette solution est calculée à l'aide des deux approches.

2.3 Approche Discrète

Nous utilisons le mot "discret" dans le sens où le rail s'appuie sur un nombre discret de ressorts (Fig.2.1).

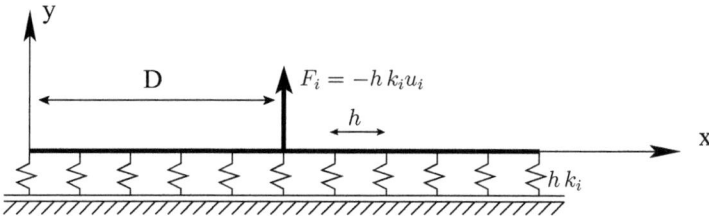

FIG. 2.1. *Poutre représentant un rail sous lequel les traverses et les grains de ballast sont modélisés par des ressorts*

L'équation d'équilibre statique s'écrit sous la forme suivante :

$$EI u^{(4)}(x) + \sum_{i=1}^{N} h\, k_i u(x_i) \delta(x - x_i) = F\delta(x - D) \qquad (2.1)$$

Où $L = Nh$ est défini comme étant la longueur de la poutre. h et N représentent respectivement la distance entre deux traverses et le nombre de traverses utilisées. Notons que la solution microscopique est la configuration qui minimise l'énergie du système formé de la poutre, de N ressorts et de la charge extérieure.

Dans le calcul numérique, des paramètres mécaniques sont à déterminer tel que : la raideur des ressorts k_i à utiliser, le module d'Young du sol E_{sol}, le module d'Young de l'acier E_{acier}, le moment quadratique d'une section du rail I, la valeur de la charge extérieure F, la distance entre deux traverses h et la longueur de la poutre L.

À l'aide du modèle de *Boussinesq* utilisé pour le calcul de la distribution des contraintes et des déformations dans le blochet et le sol -sur lequel repose le rail- sous une charge ponctuelle, la valeur de la raideur microscopique peut être calculée.

Prenons le cas simple où l'on considère une force ponctuelle sur un blochet de dimensions $b \times e \times e$. Cette force remplace le poids d'un Wagon (160 KN par essieu). La solution de Boussinesq est alors la déflexion verticale u_i (sous le centre du blochet) en surface, qui résulte de la charge appliquée $\left(\sigma = \dfrac{F}{S}\right)$ ponctuellement sur le blochet (Fig.2.2). La déflexion u_i est donnée par la formule suivante :

$$u_i \approx \frac{16(1-\nu^2)}{3\pi\, E_{\text{sol}}} \sqrt{\frac{S}{\pi}}\, \frac{F}{S} \qquad (2.2)$$

ν étant le coefficient de Poisson qui vaut environ 0.25, E_{sol} est le module d'Young du sol qui varie entre 50 MPa et 100 MPa; et S est la section sur laquelle est appliquée la charge F et telle que $S = be$.

Notons que la distance entre deux traverses h dépend des normes utilisées dans chaque pays. En France, la $SNCF$ l'a fixée à 60 cm.

Le blochet sur lequel s'appuie le rail est représenté dans la figure ci-dessous (Fig.2.2). Il a pour dimensions $b \times e \times e$, avec $b = 60$ cm et $e = 10$ cm.

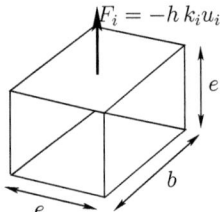

FIG. 2.2. *Modèle de Boussinesq utilisé pour l'exemple d'un blochet*

La raideur des ressorts supposés remplacer les blochets et les grains de ballast au-dessous, est inversement proportionelle au facteur figurant dans l'équation (2.2) du fait qu'on ait $F_i = h\,k_i u_i$. Cette raideur s'écrit alors :

$$k_i \approx \frac{3\pi\,E\,\sqrt{\pi\,S}}{16\,(1-\nu^2)\,h} \qquad (2.3)$$

La majorité des rails utilisés par la $SNCF$ sont du type Vignole (Fig.2.3).

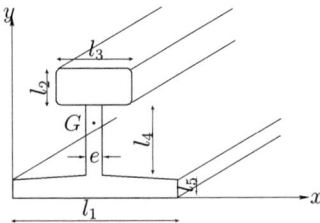

FIG. 2.3. *Section d'un rail Vignole*

Considérons une section verticale du rail comme celle présentée dans la figure (Fig.2.3) et calculons son moment quadratique nommé I par rapport à son centre de gravité G. Cette section est décomposée en trois sous sections dont les surfaces sont notées A_1, A_2 et A_3. G est le centre de gravité de la section globale. Les distances du centre de gravité de chaque section au centre G sont notées d_1, d_2 et d_3. Le moment quadratique de chaque section est calculé à part puis le théorème de *Huygens* est appliqué afin d'obtenir la valeur du moment quadratique de la section globale par rapport à l'axe passant par son centre de gravité G. Le centre de gravité G est calculé par rapport à l'axe des x à l'aide de la formule suivante :

$$Y_G = \frac{A_1 \ (l_5 + l_4 + 0.5l_2) + A_2 \ (l_5 + 0.5l_4) + A_3 \ (0.5l_5)}{A_1 + A_2 + A_3} \quad (2.4)$$

Avec $A_1 = l_2 l_3$, $A_2 = e l_4$ et $A_3 = l_1 l_5$. Ensuite les distances d_1, d_2 et d_3 peuvent être calculées en fonction de Y_G ; $d_1 = (l_5 + l_4 + 0.5l_2 - Y_G)$, $d_2 = (l_5 + 0.5l_4 - Y_G)$ et $d_3 = (Y_G - 0.5l_5)$.

En appliquant le théorème de *Huygens*, l'expression du moment quadratique devient :

$$I = \frac{l_3 \, (l_2)^3}{12} + \frac{e \, l_4^{\,3}}{12} + \frac{l_1 \, l_5^{\,3}}{12} + A_1 \, d_1^2 + A_2 \, d_2^2 + A_3 \, d_3^2 \quad (2.5)$$

2.3.1 Résolution analytique

Considérons deux éléments de poutre adjacents (Fig.2.4), et appliquons sur l'un d'eux une charge F à une distance Y du premier noeud. La solution $u(x)$ qui minimise l'énergie microscopique du système formé par les éléments de poutre, les ressorts et la charge est calculée dans cette section.

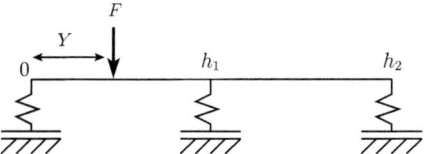

FIG. 2.4. *Deux éléments de poutre adjacents*

Une relation entre deux vecteurs de paramètres consécutifs doit être établie. Un vecteur de paramètres contient les paramètres de chaque noeud : déflexion, rotation, moment fléchissant et effort tranchant.

Nous reprenons l'état d'équilibre statique établi dans l'équation (2.1) et on calcule analytiquement la solution de cette équation différentielle de 4eme ordre.

En réalité, la dérivée de troisième ordre présente une discontinuité sur l'intervalle $[0, h_1]$ sur lequel la charge F est appliquée. De plus, elle présente une discontinuité au point de passage entre les deux segments.

Par conséquent :
$$\begin{cases} u'''(x) = A & \text{sur } [0, Y^-] \\ u'''(x) = P & \text{sur } [Y^+, h_1] \end{cases} \qquad (2.6)$$

Où A et P sont deux constantes. En intégrant trois fois les deux égalités de l'équation (2.6), on obtient un système de deux équations contenant 8 variables. Ce système s'écrit :

$$u(x) = A\frac{x^3}{6} + B\frac{x^2}{2} + Cx + D \quad \text{sur } [0, Y^-] \qquad (2.7)$$

$$u(x) = P\frac{(x-h_1)^3}{6} + Q\frac{(x-h_1)^2}{2} + R(x-h_1) + S \quad \text{sur } [Y^+, h_1] \qquad (2.8)$$

Pour calculer les valeurs de ces 8 variables figurant dans les équations (2.7) et (2.8), on suppose que u, u', u'' et u''' ont des valeurs connues au noeud 0, d'où $u(0) = D$, $u'(0) = C$, $u''(0) = B$ et $u'''(0) = A$. À ces conditions aux limites, s'ajoutent les conditions de continuité au point d'application de la charge "Y" sur u, u' et u'' et la condition de saut sur u'''. Ces conditions de continuités sont formulées par le système suivant :

$$\begin{cases} u(Y^+) = u(Y^-) \\ u'(Y^+) = u'(Y^-) \\ u''(Y^+) = u''(Y^-) \\ P - A = \dfrac{F}{EI} \end{cases} \qquad (2.9)$$

En utilisant les équations (2.7 et 2.8) aux noeuds (0, h) et "Y" point d'application de la charge, nous obtenons les égalités suivantes :

$$\begin{cases} U_{0^+} = T_1 \, [A \ B \ C \ D]^T \\ U_{Y^-} = T_2 \, [A \ B \ C \ D]^T \\ U_{Y^+} = T_3 \, [P \ Q \ R \ S]^T \\ U_{h^-} = T_4 \, [P \ Q \ R \ S]^T \end{cases} \qquad (2.10)$$

Où

$$T_1 = T_4 = \begin{bmatrix} 0 & 0 & 0 & 1 \\ 0 & 0 & 1 & 0 \\ 0 & 1 & 0 & 0 \\ 1 & 0 & 0 & 0 \end{bmatrix} ; \quad T_2 = \begin{bmatrix} \dfrac{Y^3}{6} & \dfrac{Y^2}{2} & Y & 1 \\ \dfrac{Y^2}{2} & Y & 1 & 0 \\ Y & 1 & 0 & 0 \\ 1 & 0 & 0 & 0 \end{bmatrix} \qquad (2.11)$$

$$T_3 = \begin{bmatrix} \dfrac{(Y-h_1)^3}{6} & \dfrac{(Y-h_1)^2}{2} & (Y-h_1) & 1 \\ \dfrac{(Y-h_1)^2}{2} & (Y-h_1) & 1 & 0 \\ (Y-h_1) & 1 & 0 & 0 \\ 1 & 0 & 0 & 0 \end{bmatrix}$$

2.3 Approche Discrète

$$\begin{cases} U_{0^+} &= \begin{bmatrix} u(0^+) & u'(0^+) & u''(0^+) & u'''(0^+) \end{bmatrix}^T \\ U_{Y^-} &= \begin{bmatrix} u(Y^-) & u'(Y^-) & u''(Y^-) & u'''(Y^-) \end{bmatrix}^T \\ U_{Y^+} &= \begin{bmatrix} u(Y^+) & u'(Y^+) & u''(Y^+) & u'''(Y^+) \end{bmatrix}^T \\ U_{h_1^-} &= \begin{bmatrix} u(h_1^-) & u'(h_1^-) & u''(h_1^-) & u'''(h_1^-) \end{bmatrix}^T \end{cases} \quad (2.12)$$

Nous utilisons ces égalités et les conditions de continuités pour établir une relation entre les vecteurs U_{h^-} et U_{0^+}. Elle s'écrit sous la forme matricielle suivante :

$$U_{h^-} = T_4 \, T_3^{-1} \, T_2 \, T_1^{-1} \, U_{0^+} + T_4 \, T_3^{-1} \frac{\mathbf{F}}{EI} \quad (2.13)$$

Où $\mathbf{F}$ est le vecteur force extérieure appliquée à la poutre : $\mathbf{F} = F \begin{bmatrix} 0 & 0 & 0 & 1 \end{bmatrix}^T$

En remplaçant les coefficients de la matrice par leurs valeurs dans l'équation (2.13), les variables s'écrivent :

$$\begin{cases} P &= u'''(h_1) = u'''(0) + \dfrac{F}{EI} \\ Q &= u''(h_1) = u''(0) + h_1 u'''(0) - F\dfrac{(Y-h_1)}{EI} \\ R &= u'(h_1) = u'(0) + h_1 u''(0) + \dfrac{h_1^2}{2EI} u'''(0) + F\dfrac{(Y-h_1)^2}{2EI} \\ S &= u(h_1) = u(0) + h_1 u'(0) + \dfrac{h_1^2}{2EI} u''(0) + \dfrac{h_1^3}{6EI} u'''(0) - F\dfrac{(Y-h_1)^3}{6EI} \end{cases} \quad (2.14)$$

Une condition de saut entre deux éléments de poutre créée à cause du ressort de raideur k est résumée par :

$$u'''(h_1^-) - u'''(h_1^+) = \frac{k}{EI} u(h_1^-) \quad (2.15)$$

En réalité $u(0)$, $u'(0)$, $(-EI\,u''(0))$ et $(-EI\,u'''(0))$ désignent respectivement la déflection u_0, la rotation θ_0, le moment fléchissant M_0 et l'effort tranchant T_0.

En utilisant les équations (2.7) et (2.8) qui donnent la forme de la déflection u et en tenant compte de la condition de saut (2.15), une relation entre le vecteur de force $\mathbf{F_{01}} = [T_0 \; M_0 \; T_1 \; M_1]^T$ et le vecteur de déplacement $\mathbf{U_{01}} = [u_0 \; \theta_0 \; u_1 \; \theta_1]^T$ peut être formulée comme suit :

$$\mathbf{F_{01}} = \mathbf{K_{01}} \, \mathbf{U_{01}} + \mathbf{R} \quad (2.16)$$

Où la matrice $\mathbf{K_{01}}$ et le vecteur de force $\mathbf{R}$ sont :

$$\mathbf{K_{01}} = EI \begin{bmatrix} \dfrac{12}{h^3} & \dfrac{6}{h^2} & -\dfrac{12}{h^3} & \dfrac{6}{h^2} \\ \dfrac{6}{h^2} & \dfrac{4}{h} & -\dfrac{6}{h^2} & \dfrac{2}{h} \\ -\dfrac{12}{h^3} & -\dfrac{6}{h^2} & \dfrac{12}{h^3} - \dfrac{k_1}{EI} & -\dfrac{6}{h^2} \\ \dfrac{6}{h^2} & \dfrac{2}{h} & -\dfrac{6}{h^2} & \dfrac{4}{h} \end{bmatrix} \; ; \; \mathbf{R} = F \begin{bmatrix} \dfrac{-2Y^3 + 3Y^2 h - h^3}{h^3} \\ \dfrac{-Y^3 + 2Y^2 h - Y h^2}{h^2} \\ \dfrac{2Y^3 - 3Y^2 h}{h^3} \\ \dfrac{-Y^3 + Y^2 h}{h^2} \end{bmatrix}$$

$$(2.17)$$

$\mathbf{K_{01}}$ est la matrice de rigidité. Elle dépend de la raideur des ressorts "k_1" et de la distance entre deux ressorts consécutifs "h". Si la force extérieure est appliquée à l'intérieur du segment, nous déduisons l'existence d'un vecteur $\mathbf{R}$ associé à la charge appliquée F.

La relation établie dans l'équation (2.16) peut être généralisée dans le cas d'une poutre reposant sur N ressorts en considérant que la matrice de rigidité ne dépend que de k_i et de h.

$$\begin{cases} \mathbf{F_{ii+1}} = \mathbf{K}_{ii+1}\mathbf{U_{ii+1}} + \mathbf{R} & \text{Charge appliquée à l'intérieur du segment} \\ \mathbf{F_{ii+1}} = \mathbf{K}_{ii+1}\mathbf{U_{ii+1}} & \text{Charge appliquée à l'extérieur} \end{cases} \quad (2.18)$$

2.4 Approche continue

À l'approche discrète décrite ci-dessus, une approche homogénéisée par rapport aux raideurs des ressorts peut être associée et par conséquent la réponse de la structure peut être calculée selon cette deuxième approche dite continue (Fig.2.5).

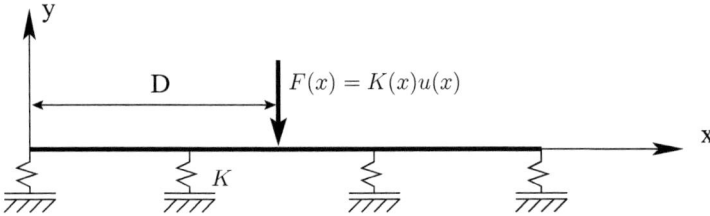

FIG. 2.5. *Modèle continu décrivant le modèle discret à une échelle macroscopique*

La philosophie du problème revient au fait qu'à l'échelle microscopique, nous partions d'un très grand nombre de ddl, alors que l'homogénéisation sert à remplacer les morceaux où l'on a des ddls homogènes par un seul ddl, ce qui aura comme conséquence de réduire le temps de calcul et le nombre de ddl nécessaires.

L'équation d'équilibre statique de l'approche continue se formule de la manière suivante :

$$EI u_h^{(4)} + K(x) u_h = F \, \delta(x - D) \quad (2.19)$$

Une relation entre les raideurs des deux approches (k_i et $K(x)$) sera établie par la suite.

2.4.1 Résolution analytique

Considérons la poutre reposant sur N appuis (Fig.2.5) et appliquons sur cette poutre une force F distante de D du premier noeud. Étant donné que la distance entre deux ressorts consécutifs à l'échelle **microscopique** est h, alors pour que le calcul soit à une

2.4 Approche continue

échelle **macroscopique**, les limites des expressions fonctions de h figurant dans l'équation d'équilibre statique (2.6) sont à calculer quand $h \to 0$.

Pour résoudre l'équation différentielle d'ordre 4 établie en (2.19) et calculer les limites des termes fonction de h, effectuons un changement de variable à l'aide du vecteur V qui s'écrit :

$$V = \begin{bmatrix} u & u' & u'' & u''' \end{bmatrix}^T \tag{2.20}$$

En dérivant le vecteur V et en remplaçant sa dérivée V' par sa valeur dans l'équation différentielle (2.6), cette équation donne une autre équation du premier ordre. Elle s'écrit comme suit :

$$V' = M(x)V + \overline{e} \in R^4 \tag{2.21}$$

Où $M(x)$ est la matrice de raideur, et $\overline{e}$ est le vecteur lié à F. Ces deux quantités s'écrivent sous la forme suivante :

$$M(x) = \begin{bmatrix} 0 & 1 & 0 & 0 \\ 0 & 0 & 1 & 0 \\ 0 & 0 & 0 & 1 \\ -\overline{k}(x) & 0 & 0 & 0 \end{bmatrix} \quad \text{et} \quad \overline{e} = \frac{F}{EI} \begin{bmatrix} 0 & 0 & 0 & \delta(x-D) \end{bmatrix}^T$$

Notons que $\overline{k}(x)$ est la raideur microscopique qui s'écrit ; $\overline{k}(x) = \dfrac{1}{EI} \sum_{i=1}^{N} h\, k_i\, \delta(x - x_i)$.

$V(x)$ est la solution générale de l'équation (2.21). Elle s'écrit comme suit :

$$V(x) = \exp\left[\int_0^x M(s)ds\right] \alpha(x) \tag{2.22}$$

Si nous dérivons l'équation (2.22) par rapport à la variable x, nous obtiendrons :

$$\frac{dV}{dx} = \exp\left[\int_0^x M(s)ds\right] \alpha'(x) + M(x)V(x) \tag{2.23}$$

En identifiant les équations (2.21, 2.23), la valeur de $\alpha'(x)$ est calculée. Par intégration de cette quantité, la forme de $\alpha(x)$ s'écrit comme suit :

$$\alpha(x) = \alpha_0 + \int_0^x \exp\left(-\int_0^y M(s)ds\right) dy\, \overline{e} \tag{2.24}$$

L'intégrale $\int_0^x M(s)ds$ tend vers $x \prec M \succ$, où $\prec M \succ$ signifie la moyenne de M sur l'intervalle $[0\ x]$.

Finalement, en remplaçant $\alpha(x)$ par sa valeur dans (2.22), la solution (2.22) de l'équation différentielle est réduite à la forme suivante :

$$V(x) = \exp(x \prec M \succ) \alpha_0 + \prec M \succ^{-1} (\exp(x \prec M \succ) - 1) \, \overline{e} \qquad (2.25)$$

Si nous dérivons $V(x)$ à partir de l'équation (2.25), elle aura la forme suivante :

$$V'(x) = \prec M \succ \exp(x \prec M \succ) \alpha_0 + \exp x \prec M \succ \overline{e} \qquad (2.26)$$

En remplaçant le terme $(\prec M \succ \exp(x \prec M \succ) \alpha_0)$ de l'équation (2.25) par son équivalent $\left(V - \prec M \succ^{-1} (\exp(x \prec M \succ) - 1) \, \overline{e}\right)$ de l'équation (2.26), la nouvelle forme de la dérivée de $V(x)$ s'écrit :

$$V'(x) = \prec M \succ V + \overline{e} \qquad (2.27)$$

Par simple identification entre les équations (2.21, 2.27), la solution générale $V(x)$ a la même forme en remplaçant $M(x)$ par sa moyenne $\prec M \succ$ sur un intervalle $[x-dx\,;\,x+dx]$. En se basant sur cette conclusion, la solution de l'approche homogénéisée sera identique à celle de l'approche discrète en remplaçant la raideur homogénéisée $\overline{K}$ par la moyenne locale des raideurs microscopiques $\prec \overline{k} \succ$ sur un intervalle bien déterminé.

Pour mieux expliquer la relation établie entre les raideurs des deux approches, considérons une zone de poutre de taille $2\,dX$ reposant sur un nombre discret de ressorts supposé égal à p (Fig.2.6).

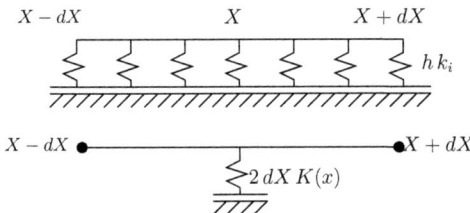

FIG. *2.6. Représentation des raideurs aux échelles micro et macro*

Nous démontrons qu'en se plaçant à une échelle macroscopique la solution du sytème soumis à une charge extérieure est voisine de la solution à une échelle microscopique, ce qui revient à dire que la raideur macroscopique de cette zone tend vers la moyenne des raideurs microscopiques. En partant du fait que : $F = -\int_{X-dX}^{X+dX} \left(\sum_{i=1}^{p} h\,k_i\,\delta(x-x_i) \right) u(x)\,dx$, cette intégrale s'écrit : $F \approx -u\,h\,\sum_{i=1}^{p} k_i$.

2.4 Approche continue

La distance h entre deux ressorts à l'échelle microscopique s'écrit : $h = \dfrac{2dX}{p}$. En remplaçant sa valeur dans le terme de la force, celle-ci est réduite à la forme suivante :
$$F \approx -u\frac{2dX}{p}\sum_{i=1}^{p} k_i.$$

Une identification entre les deux expressions de F nous amène à écrire : $h \sum_{i=1}^{p} k_i = 2\,dX \prec k_i \succ = 2\,dX\,K(x)$, où k_i et $(2\,dX\,K(x))$ sont respectivement les raideurs microscopique et macroscopique. Il est important de noter que cette relation ne peut qu'être locale.

L'équation différentielle établie en (2.19) peut être simplement résolue en remplaçant $\prec \overline{K} \succ$ par $\overline{K} = \dfrac{K(x)}{EI}$. Cette équation s'écrit alors comme suit :

$$u^{(4)}(x) + \overline{K}(x)\,u(x) - \frac{1}{EI}F\,\delta(x-D) = 0 \tag{2.28}$$

La solution générale de cette équation différentielle d'ordre 4 possède une forme exponentielle dans le cas où $\overline{K}(x) = \prec \overline{k} \succ$ est constante sur un élément bien défini. Cette solution s'écrit :

$$u(x) = e^{(\mu x)}\left[\alpha \cos(\mu x) + \beta \sin(\mu x)\right] + e^{(-\mu x)}\left[\gamma \cos(\mu x) + \delta \sin(\mu x)\right] \tag{2.29}$$

Où α, β, γ, δ sont des paramètres numériques à calculer sur chaque élément afin d'obtenir la solution du système macroscopique tout entier. À noter que $\mu = \left(\dfrac{\overline{K}}{4}\right)^{\frac{1}{4}}$.

2.4.1.1 Calcul des paramètres

Dans cette partie, nous présenterons le calcul des paramètres nécessaires pour trouver la flèche minimisant l'énergie du système macroscopique. Les valeurs intiales de ces paramètres α, β, γ et δ sont supposées connues. Ces paramètres sont regroupés dans un vecteur g qui s'écrit :

$$g = [\alpha\ \beta\ \gamma\ \delta]^T$$

Sur l'élément suivant, ce vecteur contient d'autres valeurs et sera noté $\tilde{g}$. Il sera alors nécessaire d'établir une relation entre g et $\tilde{g}$.

En considérant un élément de longueur L_0, les paramètres nodaux s'écrivent :

Sur l'intervalle $[0, L_0[$:

$$\begin{aligned}
u(0) &= \alpha + \gamma \\
u'(0) &= \mu_0\left[(\alpha - \gamma) + (\beta + \delta)\right] \\
u''(0) &= 2\mu_0^{\,2}\,(\beta - \delta) \\
u'''(0) &= 2\mu_0^{\,3}\left[(\beta - \alpha) + (\delta + \gamma)\right]
\end{aligned}$$

Alors la relation entre le vecteur de paramètre U_0 formé de la flèche $u(0)$, de la rotation $u'(0)$, du moment fléchissant $-\left(EI\,u''(0)\right)$ et de l'effort tranchant $-\left(EI\,u'''(0)\right)$ s'écrit sous la forme matricielle suivante :

$$U_0 = \begin{bmatrix} u_0 \\ \theta_0 \\ M_0 \\ T_0 \end{bmatrix} = \begin{bmatrix} 1 & 0 & 1 & 0 \\ \mu_0 & \mu_0 & -\mu_0 & \mu_0 \\ 0 & -2\mu_0^2\,EI & 0 & 2\mu_0^2\,EI \\ 2\mu_0^3\,EI & -2\mu_0^3\,EI & -2\mu_0^3\,EI & -2\mu_0^3\,EI \end{bmatrix} \begin{bmatrix} \alpha \\ \beta \\ \gamma \\ \delta \end{bmatrix} = R_1\,g \quad (2.30)$$

2.4.1.2 Conditions de continuité

Considérons deux morceaux voisins de longueurs respectives L_1 et L_2 (Fig.2.7).

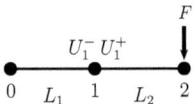

FIG. 2.7. *Condition de continuité au noeud 1*

Deux cas se présentent :

• 1er cas : Si la charge est appliquée à l'extrémité de la poutre (combinaison des deux éléments de poutre), les conditions de continuité seront établies au noeud commun des deux éléments (noeud 1). Ces conditions s'écrivent :

$$U_1^- = \begin{bmatrix} u(L_1^-) & u'(L_1^-) & u''(L_1^-) & u'''(L_1^-) \end{bmatrix}^T = \begin{bmatrix} u(L_1^+) & u'(L_1^+) & u''(L_1^+) & u'''(L_1^+) \end{bmatrix}^T = U_1^+$$

D'une façon similaire à U_0 et g, une relation entre U_h et $\tilde{g}$ peut être établie. Elle se calcule en identifiant la solution $u(x)$ et ses dérivées au noeud L_1^- et s'écrit sous la forme matricielle suivante :

$$U_h = \begin{bmatrix} u_h \\ \theta_h \\ M_h \\ T_h \end{bmatrix} = R_4 \begin{bmatrix} \tilde{\alpha} \\ \tilde{\beta} \\ \tilde{\gamma} \\ \tilde{\delta} \end{bmatrix} \quad (2.31)$$

Où

$$R_4 = \begin{bmatrix} ab & ac & bd & dc \\ \mu_0\,(ab-ac) & \mu_0\,(ac+ab) & -\mu_0\,(db+cd) & \mu_0\,(db-cd) \\ 2\mu_0^2\,EI\,ac & -2\mu_0^2\,EI\,ab & -2\mu_0^2\,EI\,cd & 2\mu_0^2\,EI\,bd \\ 2\mu_0^3\,EI\,(ac+ab) & -2\mu_0^3\,EI\,(ab-ac) & -2\mu_0^3\,EI\,(db-cd) & -2\mu_0^3\,EI\,(db+cd) \end{bmatrix}$$

Avec $a = \exp(\mu_0\,L_0)$, $b = \cos(\mu_0\,L_0)$, $c = \sin(\mu_0\,L_0)$ et $d = \exp(-\mu_0\,L_0)$.

La matrice R_4 est calculée en utilisant la solution générale de l'équation différentielle $u(x)$ et ses dérivées u', u'' et u''' au noeud L_1^-. En utilisant les égalités dans les équations (2.30 et 2.31), une relation entre U_0 et U_h est établie :

$$U_h = R_4\,R_3^{-1}\,R_2\,R_1^{-1}\,U_0 \qquad (2.32)$$

Où R_1 et R_4 sont les matrices calculées dans (2.30 et 2.31), R_2 et R_3 sont deux matrices qui lient respectivement le vecteur U_{Y^-} à g et U_{Y^+} au vecteur $\tilde{g}$. Elles sont représentées par le sytème suivant :

$$\begin{cases} U_{Y^-} = R_2\,[\alpha\ \beta\ \gamma\ \delta]^T \\ U_{Y^+} = R_3\,[\tilde{\alpha}\ \tilde{\beta}\ \tilde{\gamma}\ \tilde{\delta}]^T \end{cases} \qquad (2.33)$$

R_2 et R_3 ont la même forme que la matrice R_4 mais dans les paramètres a, b, c et d, le terme de L_0 sera remplacé par le terme Y.

Dans notre cas $R_2 = R_3$, alors la relation en (2.32) devient :

$$U_h = R_4\,R_1^{-1}\,U_0 \qquad (2.34)$$

- $2^{\text{ème}}$ cas : si la charge est appliquée à l'intérieur de la poutre (au noeud 1), dans ce cas les conditions de continuités établies dans l'équation (2.10) s'ajoutent aux équations (2.30 et 2.31) pour établir la relation entre U_0 et U_h. Cette relation devient :

$$U_h = R_4\ R_1^{-1}\,U_0 + R_4\ R_3^{-1}\,\dfrac{\mathbf{F}}{EI} \qquad (2.35)$$

Finalement, nous généralisons les équations (2.34) et (2.35) pour une poutre reposant sur N segments de raideur K_i.

$$\begin{cases} \mathbf{U_{i+1}} = R_4\,R_1^{-1}\,\mathbf{U_i} + R_4\,R_3^{-1}\,\dfrac{\mathbf{F}}{EI} & \text{Charge à l'intérieur de l'élément} \\ \mathbf{U_{i+1}} = R_4\,R_1^{-1}\,\mathbf{U_i} & \text{Charge à l'extérieur de l'élément} \end{cases} \qquad (2.36)$$

La relation entre le vecteur de force $\mathbf{F_{ii+1}} = [T_i\ M_i\ T_{i+1}\ M_{i+1}]^T$ et le vecteur de déplaçements et de rotations $\mathbf{U_{ii+1}} = [u_i\ \theta_i\ u_{i+1}\ \theta_{i+1}]^T$ est calculée à l'aide des méthodes de calcul numérique dans le code MATLAB.

2.5 Simulations numériques

2.5.1 Algorithme de résolution

L'algorithme de résolution des deux approches est décrit ci-dessous (Fig.2.8). Il a été implémenté dans un code MATLAB.

Dans cet algorithme, on procède tout d'abord au calcul de toutes les matrices de rigidité $\mathbf{K}\,(i,i+1)$ entre chaque paire de deux noeuds consécutifs. $R(i)$ est un vecteur lié à l'existence de la force extérieure F appliquée au noeud c. Cette quantité est égale à zéro sur les segments situés à gauche de la force F.

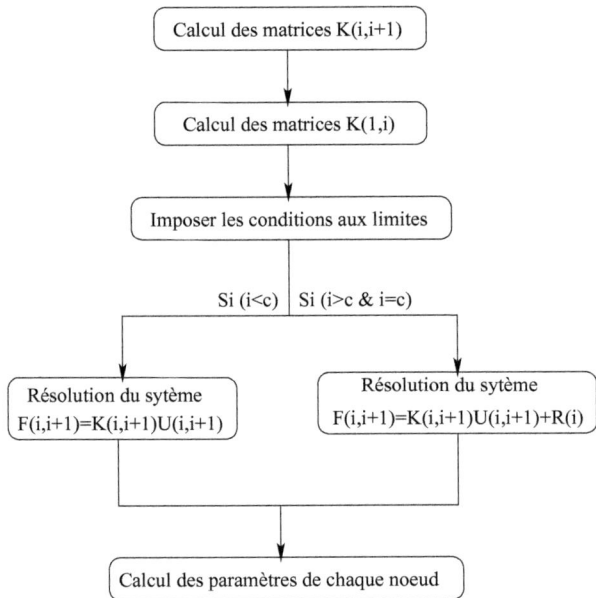

FIG. 2.8. *Algorithme de résolution numérique*

Pour rendre le problème plus flexible, les matrices de rigidité entre le premier noeud et les autres noeuds sont établies numériquement. Une fois toutes ces matrices établies, les conditions aux limites sont imposées. Par exemple, les deux extrémités de la poutre sont encastrées, d'où le vecteur de déplacement $\mathbf{U_{1n}} = 0$. Ainsi en résolvant le système linéaire $\mathbf{F_{ii+1}} = \mathbf{K}_{ii+1}\mathbf{U_{ii+1}}$, nous calculons les valeurs du vecteur force au premier et dernier noeuds F_{1n} et de la même manière s'enchaine le calcul des autres paramètres nodaux.

Dans le cas où la force extérieure est prise en compte, le système d'équations linéaires à résoudre devient : $\mathbf{F_{ii+1}} = \mathbf{K}_{ii+1}\mathbf{U_{ii+1}} + \mathbf{R_i}$.

2.5.2 Valeurs des paramètres mécaniques

Les paramètres mécaniques et numériques utiles (Sec.2.3) pour les simulations numériques des deux approches sont les suivants :

- Le module d'Young du sol est évalué à : $E_{sol} = 50$ à 100 MPa et celui de la poutre en acier est : $E_{acier} = 210$ MPa.

- La distance entre deux traverses selon la SNCF est $h = 0.6\ m$.

2.5 Simulations numériques

- La raideur des ressorts microscopiques calculée à l'aide du modèle de *Boussinesq* dans le cas d'un sol très raide où le module d'Young vaut $E = 100$ MPa, donne : $k = 5.10^5$ (N/m).
- La longueur de la poutre mise en étude est $L = 120$ m, d'où le nombre de noeuds utilisés à l'échelle microscopique est $N = 200$ noeuds.
- Le moment quadratique d'une section droite de la poutre considérée de type *Vignole* a pour valeur $I = 1,65.10^{-5}$ m^4.
- Nous terminons par la valeur de la force à appliquer sur la poutre qui est estimée à la moitié du poids d'un essieu, soit $F = 80$ KN.

Paramètres	Valeurs	Unités
Module d'Young de l'acier [51]	$E_{\text{acier}} = 210$	GPa
Moment quadratique d'une section	$I = 1,65.10^{-5}$	m^4
Charge extérieure [43] et [50]	$F = 80$	KN
Longueur de la poutre	$L = 120$	m
Distance entre deux traverses	$h = 0.6$	m
Raideur discrète [42]	$k = 10^4 \div 5.10^5$	N/m
Raideur macroscopique	$K = \prec k \succ$	N/m
Rapport entre le nombre de EDs et ECs	$R = 1, 2, 3, 4, 7, 9$	
Masse par unité de surface	$\rho S = 60.3$	Kg /m

TAB. *2.1. Paramètres mécaniques et numériques utilisés dans les simulations*

ED et EC sont respectivement les abréviations d'un Élément Discret et d'un Élément Continu.

2.5.3 Validation numérique

Dans un premier temps, un simple cas test pour s'assurer de la consistance des approches utilisées pour résoudre le modèle $1D$ est proposé. Pour ce faire, considérons un cas très simple où la solution analytique est facile à calculer. Soit une poutre fixée à l'une de ses extrémités, et à l'autre extrémité appliquons la charge F. Par un simple calcul de poutre, nous calculons la valeur de la déflexion $U_{analytique}$ qui s'écrit :

$$U_{analytique} = \frac{F}{6EI} x^2 (3L - x) \qquad (2.37)$$

Concernant les deux approches numériques, les conditions aux limites à imposer se résument par le blocage de la déflection et de la rotation du premier noeud. Nous supposons de plus que la raideur des ressorts est nulle. Ainsi, nous en déduisons la valeur de la déflexion numériquement et nous la comparons à celle analytique (Fig.2.9).

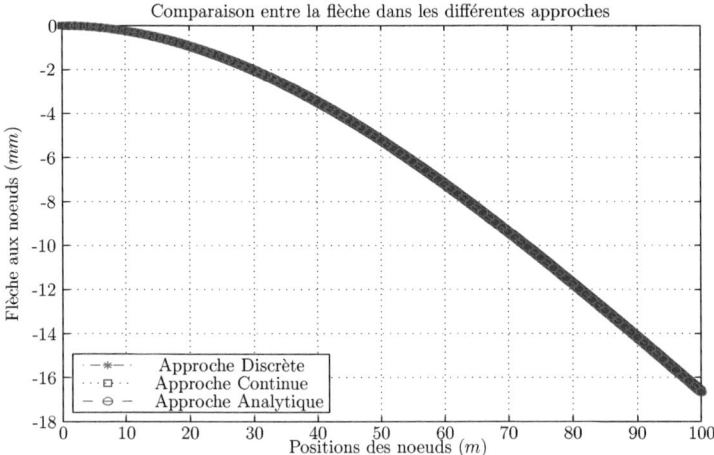

FIG. 2.9. *Validation numérique du modèle proposé; flèche calculée dans les différentes approches; discrète, continue et analytique*

2.5.4 Classe des cas tests numériques

Après la validation de l'implémentation des deux approches, nous cherchons un régime de paramètres pour lesquels la solution est irrégulière en faisant une comparaison entre les comportements discret et continu. L'étape suivante consiste à identifier l'approche continue correspondante à celle discrète, et qui remplace cette dernière lorsque la solution est régulière. Pour ce faire, nous implémentons les cas tests des problèmes sur le rail de chemin de fer.

Tout d'abord, on implémente des cas simples où on a des raideurs homogènes de faibles valeurs, également des raideurs à valeurs élevées. Nous traitons par exemple l'existence d'une traverse qui repose sur du vide, ce qui signifie une hétérogénéité au niveau des raideurs dans les simulations numériques. Le cas où des traverses consécutives sont usées ou présentent une certaine irrégularité (absence ou mauvaise répartition des grains de ballast sous les traverses) est modélisé par une zone de faiblesse au niveau des raideurs dans les simulations numériques. Nous pouvons aussi étudier le cas des hétérogénéités oscillantes à une période variable.

Il serait intéressant de regarder pour chaque cas test traité, la différence entre les deux approches au niveau des différents paramètres du problème, pour pouvoir distinguer les cas irréguliers où le couplage entre les deux approches sera nécessaire. Pour chaque cas, plusieurs tests sont établis en fonction d'un paramètre très important qui est le rapport entre le nombre d'éléments discrets et celui des éléments continus. Ce rapport noté ratio =

$\dfrac{ED}{EC}$ varie entre 1 et 9.

Une étude de l'influence de la taille de la zone de faiblesse sur la différence entre les deux approches serait aussi intéressante.

2.5.4.1 Différence entre les deux approches

Il est important de noter que la différence entre les résultats des deux approches est évaluée en calculant l'erreur e entre les différents paramètres d'un noeud. Cette erreur se formule de la façon suivante :

- La différence dans le calcul de la flèche entre les deux approches est : $e = \dfrac{\sum\limits_{i=1}^{N} \left| u_i^d - u_i^c \right|}{\sum\limits_{i=1}^{N} \left| u_i^d \right|}$.

- Pour les rotations cette différence s'écrit : $e = \dfrac{\sum\limits_{i=1}^{N} \left| \theta_i^d - \theta_i^c \right|}{\sum\limits_{i=1}^{N} \left| \theta_i^d \right|}$.

- Au niveau des moments fléchissants, la différence se formule : $e = \dfrac{\sum\limits_{i=1}^{N} \left| M_i^d - M_i^c \right|}{\sum\limits_{i=1}^{N} \left| M_i^d \right|}$.

Les paramètres notés $(^d)$ sont propres à l'approche discrète et ceux notés $(^c)$ sont propres à l'approche continue.

Il est à noter que les efforts tranchants ne sont pas des paramètres homogénéisables à cause de la discontinuité existante lors du passage d'un noeud à un autre, formulée par : $T^+ = T^- + F$.

2.5.4.2 Raideurs homogènes à valeurs élevées

Dans ce premier cas test, nous proposons de tester un cas simple où les raideurs sont homogènes à valeurs élevées. La valeur de la raideur élevée correspond, d'après la solution de *Boussinesq* établie dans la section (2.3), à $k = 5.10^5$ (N/m). Les conditions aux limites proposées dans ce cas test sont le blocage des deux extrémités de la poutre. Ceci revient à dire que les déflexions et les rotations du premier et du dernier noeud sont nulles.

La déflection obtenue a une allure bien pointue et la zone affectée est bien celle où nous appliquons la force extérieure F. Nous remarquons un bon accord entre les différents paramètres, avec une légère différence quand le *ratio* augmente. Nous constatons à peu près 4% de différence pour un *ratio* = 9 au niveau des flèches, des rotations et des moments fléchissants. Les courbes de la figure (Fig.2.10) illustre la concordance parfaite entre la flèche calculée à partir des deux approches.

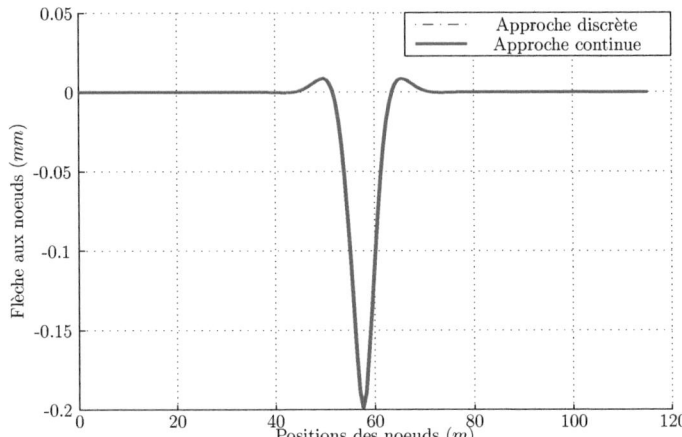

Fig. 2.10. *Comparaison entre la flèche calculée par les deux approches discrète et continue ; Rapport (ED/EC = 1)*

2.5.4.3 Raideurs homogènes à faibles valeurs :

Dans ce deuxième cas test, les raideurs des ressorts sont considérées homogènes à faibles valeurs. Le rapport entre les raideurs à faibles valeurs et celles à valeurs élevées est de l'ordre de 10^3.

Contrairement aux tests précédents, l'allure de la flèche est bien aplatie, et la zone influencée par l'action de la force extérieure est étendue sur toute la poutre, ce qui n'est pas faux du point de vue physique puisque le sol en dessous du rail est considéré mou.

Une bonne concordance au niveau de tous les paramètres, entre les deux approches est encore signalée. La différence remarquée entre les paramètres des deux approches dans le cas précédent lors de l'augmentation du ratio est moins importante dans ce type de cas tests où on peut constater une différence qui ne dépasse pas les 2%. Les courbes (Fig.2.11 et Fig.2.12) illustrent la bonne concordance entre les rotations des noeuds ainsi que la légère différence entre la flèche calculée à partir des deux approches.

2.5 Simulations numériques

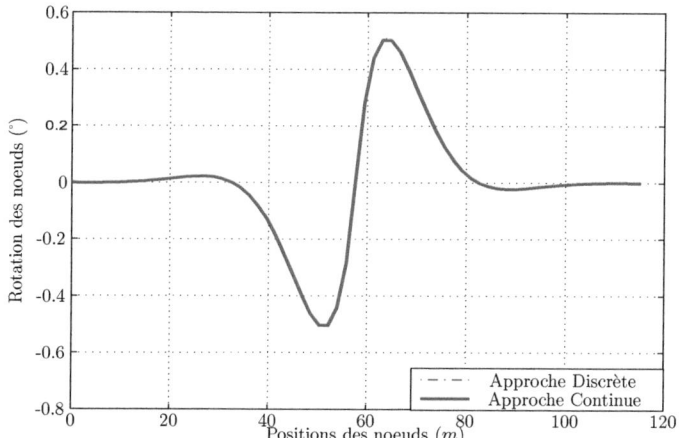

FIG. 2.11. *Comparaison entre les rotations calculées par les deux approches discrète et continue ; Cas des raideurs à faibles valeurs Rapport (ED/EC = 3)*

La courbe (Fig.2.13) montre la légère différence dans le calcul de la flèche, de la rotation et du moment fléchissant par les deux approches.

2.5.4.4 Raideurs homogènes par morceau

Dans ce type de test, une zone de faiblesse dans le sens où on considère des hétérogénéités au niveau des raideurs est créée au voisinage de la charge extérieure. Loin de la charge F, les raideurs sont considérées homogènes à valeurs élevées. Plusieurs positions de la charge sont encore testées.

Dans un premier temps, l'hétérogénéité est considérée juste au point d'application de la force F et on fait varier en même temps le rapport entre le nombre d'éléments discrets et continus.

À noter que le fait d'avoir des hétérogénéités ne signifie pas que la solution continue de l'équation différentielle (2.29) ne peut plus garder sa forme exponentielle. La solution, bien au contraire, a une forme exponentielle car la raideur est toujours considérée constante sur chaque élément macroscopique en question.

Au niveau des paramètres nodaux, une différence est remarquée entre les deux approches. Cette différence varie et devient très importante au fur et à mesure que le *ratio* augmente. À titre d'exemple, pour un *ratio* = 3 (le nombre d'ED est trois fois le nombre d'EC), la différence entre les deux approches au niveau de la flèche est de 36%.

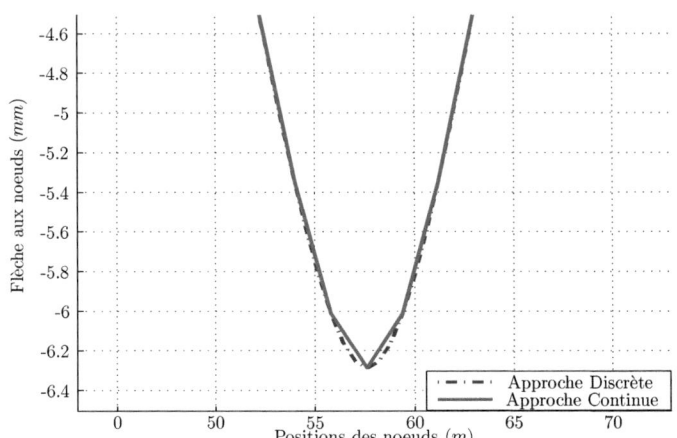

FIG. 2.12. *Zoom qui montre la légère différence entre la flèche calculée par les deux approches discrète et continue ; Cas des raideurs à faibles valeurs Rapport (ED/EC = 3)*

Cette différence dépend aussi de la valeur de la raideur hétérogène, plus le rapport entre les raideurs homogènes et hétérogènes augmente ($\frac{K_{\text{faible}}}{K_{\text{faible}}} = 10^2$), plus la différence entre les comportements discret et continu augmente. La courbe (Fig.2.14) illustre cette différence sensible.

Toujours dans le même cas test, mais cette fois-ci nous varions la taille de la zone hétérogène. Ce que nous entendons par la taille de la zone hétérogène, c'est le nombre de nœuds qui ont des raideurs à faibles valeurs ($K = 10^2 N/m$) au voisinage de la charge appliquée ; par exemple une zone de taille 5 veut dire que le nombre de nœuds discrets hétérogènes est égal à 5 de chaque coté du point d'application de la force F et le nombre de nœuds continus dépend du ratio considéré entre le nombre d'éléments discrets et continus (Fig.2.15).

La raideur continue est la moyenne locale des raideurs discrètes. Elle s'écrit : $\prec K \succ = \dfrac{\sum\limits_{c-4}^{c} k_i}{n_{ED}}$ où c est le numéro du nœud sur lequel est appliquée la charge extérieure F et n_{ED} est le nombre des ED dans l'élément fini.

Pour montrer l'intérêt du ratio entre les ED et les EC, la figure (Fig.2.16) représente la différence dans le calcul de la flèche, de la rotation et du moment fléchissant entre les deux approches, et ceci en gardant la même taille de la zone d'hétérogénéités.

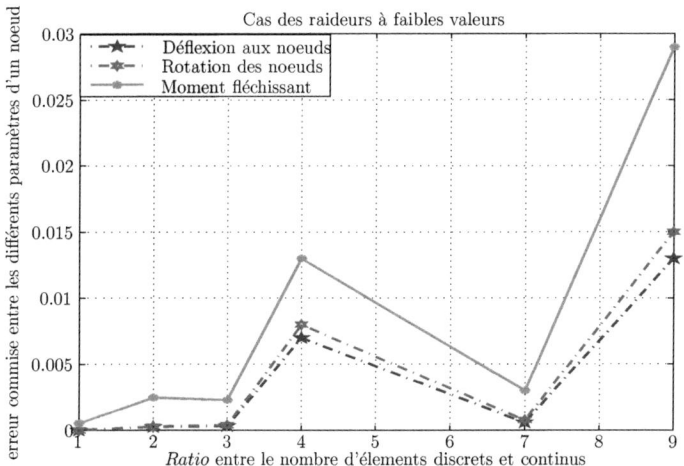

FIG. 2.13. *Erreurs entre les flèches, les rotations et les moments fléchissants calculées à partir des deux approches discrète et continue ; Raideurs à faibles valeurs*

2.5.4.5 Influence de la taille de la zone de faiblesse

Nous gardons l'hypothèse d'une zone de raideurs faibles et nous testons l'influence de la taille de cette zone en faisant varier en même temps le rapport entre le nombre des éléments discrets et continus.

Quant au *ratio*, il a été remarqué que lorsque ce rapport augmente, le désaccord entre les deux approches devient de plus en plus important et cela en fixant la taille de la zone faible juste au point d'application de la force. Cependant, en augmentant la taille de cette zone, le désaccord commence à diminuer de telle façon à avoir un bon accord quand la taille de la zone faible devient significative par rapport à la taille de la poutre mise en étude. Plusieurs tests ont été faits pour réaliser cette conclusion. Ci-dessous les figures (2.17 et 2.18) mettent en évidence l'influence de la zone d'hétérogénéité.

2.5.4.6 Raideurs oscillantes

Dans ce type de cas test, la raideur microscopique k_i est considérée comme une fonction oscillante :

$$k_i = \left(\cos\left(\frac{2\pi\, ih}{3}\right) + 1\right) \times 10^5 + 10^4 \qquad (2.38)$$

Cette fonction oscillante a une période qui vaut 3. Tout d'abord on teste les deux approches en considérant le même nombre de noeuds et en supposant que la raideur macroscopique

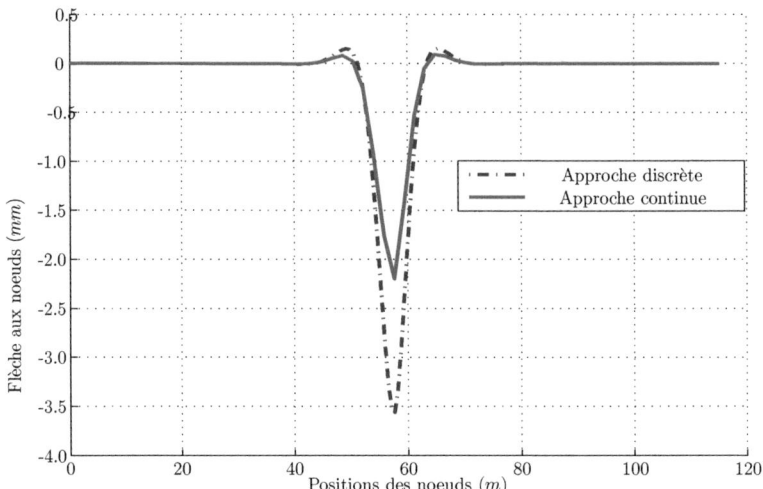

FIG. 2.14. *Comparaison entre la flèche calculée par les deux approches discrète et continue ; Cas d'une zone de raideurs faibles Rapport (ED/EC = 3), force appliquée au milieu de la zone faible qui s'étend sur l'intervalle [55 ; 65](m)*

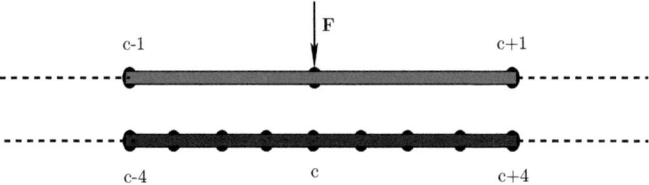

FIG. 2.15. *Zone faible $[c-1 ; c+1]$ pour l'approche continue ; $[c-4 ; c+4]$ pour l'approche discrète. Ratio $\left(\dfrac{ED}{EC}\right) = 4$*

K oscille de la même manière que k_i (2.38).

Nous observons une bonne concordance entre tous les paramètres des deux approches. La figure (Fig.2.19) montre la bonne concordance entre les contraintes dans les ressorts calculés par les deux approches.

Cependant, en augmentant la valeur du paramètre ratio, un désaccord entre les paramètres

2.5 Simulations numériques

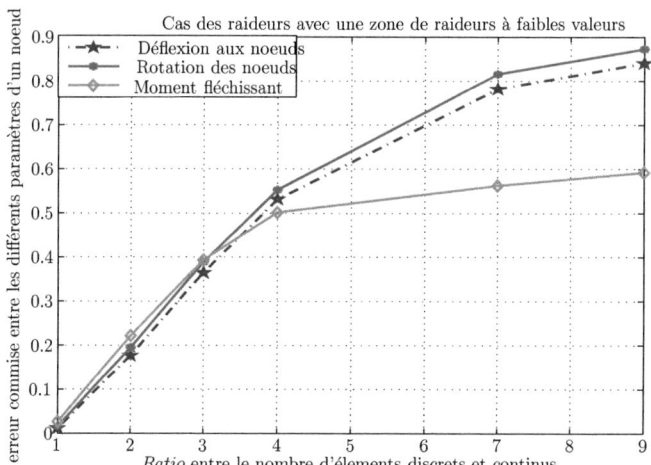

FIG. 2.16. *Désaccord sensible entre les flèches, les rotations et les moments fléchissants calculées par les deux approches discrète et continue; Cas d'une zone de raideurs hétérogènes au voisinage de la charge appliquée*

mécaniques des noeuds se manifeste et évolue au fur et à mesure avec le ratio. Plusieurs tests ont été faits en faisant varier le ratio afin de mettre en évidence la différence remarquée. La figure (Fig.2.20) montre l'évolution de cette différence.

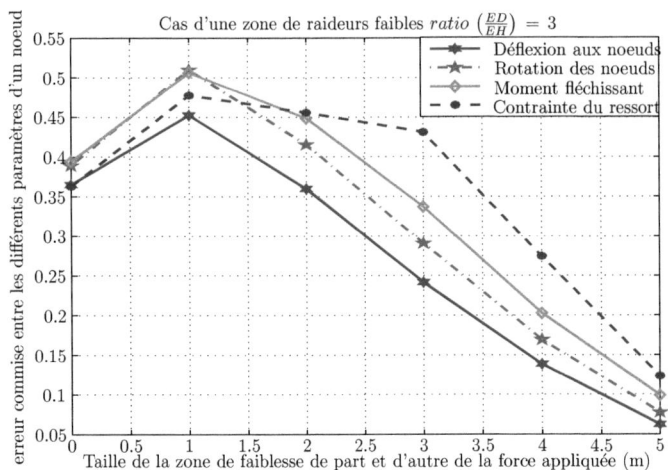

FIG. 2.17. *Influence de la taille de la zone de raideurs faibles sur la concordance entre les flèches, les rotations, les moments fléchissants et les contraintes dans les ressorts*

2.5.4.7 Raideurs hétérogènes

Considérons une poutre modélisée par 31 noeuds discrets et supposons que le rapport entre le nombre des éléments de l'approche discrète et de son équivalente continue est de 3, alors le nombre d'appuis dans le cas continu est égal à 11. Pour les raideurs discrètes, considérons une distribution hétérogène des raideurs variant entre 10^2 (N/m) et 10^4 (N/m). Les raideurs de l'approche continue sont les moyennes locales de celles discrètes sur chaque zone où l'on a une série de raideurs discrètes homogènes. La figure (Fig.2.21) représente la poutre dont le comportement va être simulé à l'aide des deux approches.

Nous pouvons conclure de ce cas test que lorsque nous avons un système qui présente des hétérogénéités, le comportement continu diffère sensiblement de celui discret. L'allure des courbes représentant les flèches dans la figure (Fig.2.22) est aplatie et cela revient au fait que la taille de la poutre étudiée est petite et par conséquent qu'elle est influencée par l'action de la charge extérieure.

2.5.4.8 Raideurs arbitraires

Finissons les cas tests par le cas d'une répartition arbitraire des raideurs sous la poutre. La raideur microscopique est considérée comme une fonction arbitraire variant entre deux limites de k_i, (k_{min} et k_{max}). Cette fonction s'écrit :

2.5 Simulations numériques

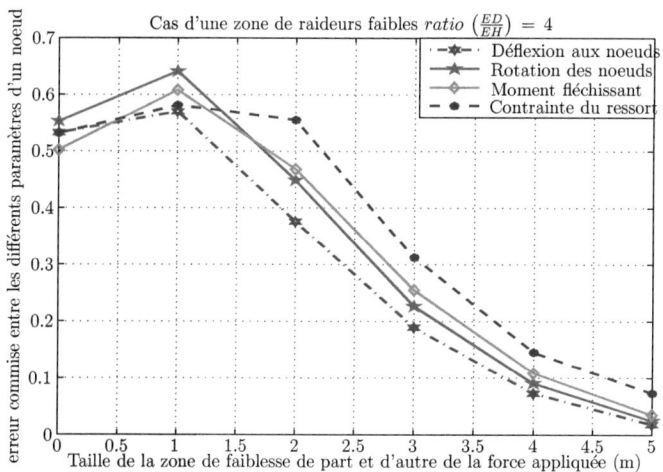

FIG. 2.18. *Influence de la taille de la zone de raideurs faibles sur la concordance entre les flèches, les rotations, les moments fléchissants et les contraintes dans les ressorts*

$$k_i = (k_{max} - k_{min}) \times rand(n,1) + k_{min} \qquad (2.39)$$

Où $rand(n,1)$ désigne un vecteur de n variables de valeurs arbitraires comprises entre 0 et 1.

Pareillemment aux tests précédents, faisons varier le rapport entre le nombre des éléments des deux approches et calculons à chaque fois la valeur de la différence entre les résultats donnés par les deux approches. Une différence sensible a été observée et cette différence est proportionnelle au *ratio*. Pour un *ratio* = 4, nous observons plus de 30% de différence entre les deux comportements. Ci-dessous les deux figures (2.23 et 2.24) mettent en évidence cette différence.

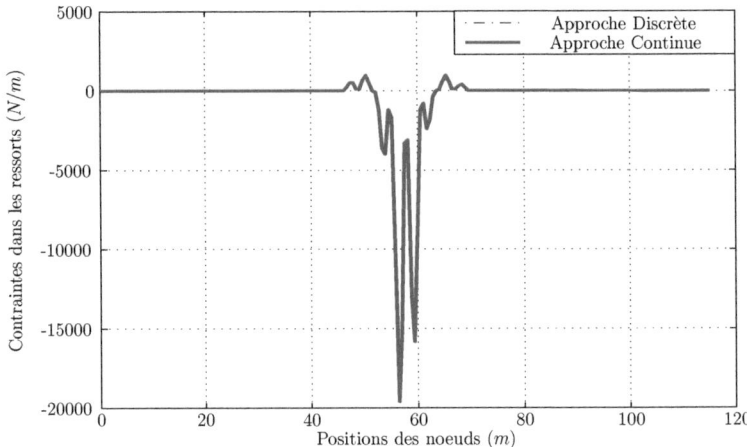

FIG. 2.19. *Concordance parfaite entre les contraintes dans les ressorts ; Rapport(ED/EC = 1)*

2.6 Conclusion

Dans un premier temps, ce travail a consisté à trouver les cas où le remplacement d'une approche discrète par une approche continue pour la modélisation du comportement du modèle de poutre ne donne pas un comportement identique pour celle-ci sous l'action d'une charge extérieure. Dans le cas présenté, l'étude exacte du comportement du modèle 1D nécessite l'utilisation d'une approche discrète à l'échelle microscopique pour obtenir la réponse du système en chaque noeud et ainsi le comportement global du système.

Dans le cas où les résultats donnés par les deux approches sont identiques, l'approche continue peut remplacer l'approche discrète. Il est alors inutile de se placer à une échelle microscopique pour pouvoir appréhender le comportement du système.

Après avoir manipulé plusieurs cas tests, on peut en déduire que lorsque nous disposons d'un rail qui ne présente aucunes hétérogénéités au niveau des traverses ou que lorsque le ballast est bien réparti sous les rails, l'approche continue peut remplacer convenablement l'approche discrète. Ceci reste valable même si le nombre d'éléments discrets est beaucoup plus important que le nombre d'éléments continus.

Dans le cas où des hétérogénéités sont présentes dans certaines zones sous le rail, nous constatons que les deux approches conduisent à des résultats différents, surtout lorsque le rapport entre le nombre des éléments des deux approches augmente. Cette différence s'illustre plus particulièrement dans les zones présentant des hétérogénéités. Nous constatons que dans ces zones, l'approche discrète doit être utilisée et que dans le reste de la

2.6 Conclusion

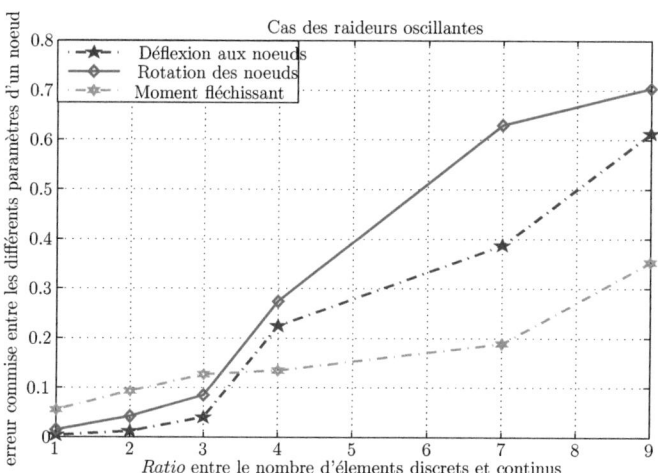

FIG. 2.20. *Désaccord sensible entre les flèches, les rotations et les moments fléchissants calculées par les deux approches discrète et continue ; cas des raideurs oscillantes*

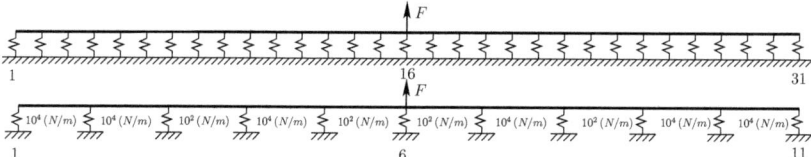

FIG. 2.21. *Exemple d'une poutre modélisée par 31 noeuds discrets et son équivalent continue modélisée par 11 noeuds*

structure nous pouvons se contenter de l'approche continue qui (il est important de le noter) nécessite moins d'éléments.

Dans le cas des raideurs oscillantes, nous concluons sur une différence sensible entre les deux approches surtout lorsque le rapport entre le nombre d'éléments des deux approches est très élevé. Dans ces zones, il est conseillé d'utiliser l'approche discrète pour mieux approcher le comportement du système sous l'action d'une charge extérieure.

L'étape suivante consiste à procéder à un couplage entre les deux approches. Cette approche couplée doit être utilisée lorsque les deux approches donnent des résultats différents dans des zones localisées.

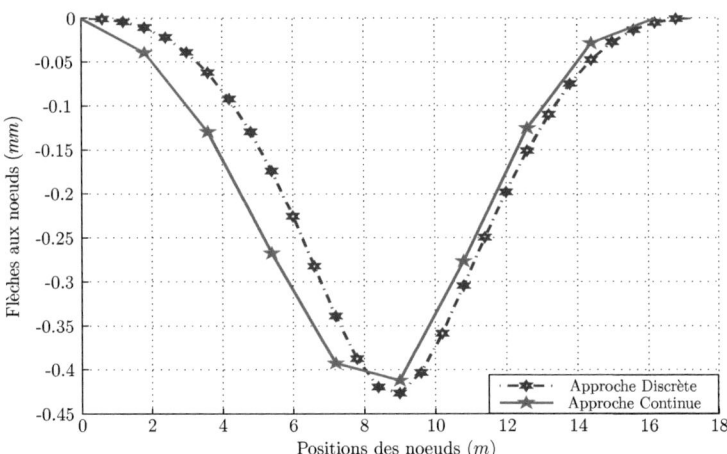

FIG. 2.22. *Flèche d'une poutre obtenue par les approche discrète et continue ; Cas des raideurs hétérogènes avec un rapport $ED/EC = 3$*

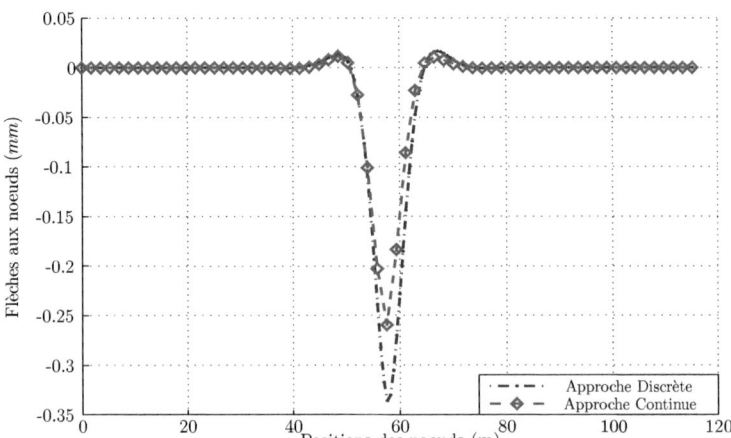

FIG. 2.23. *Désaccord entre les flèches aux noeuds calculés par les deux approches ; cas des raideurs arbitraires, rapport $(ED/EC = 3)$*

2.6 Conclusion

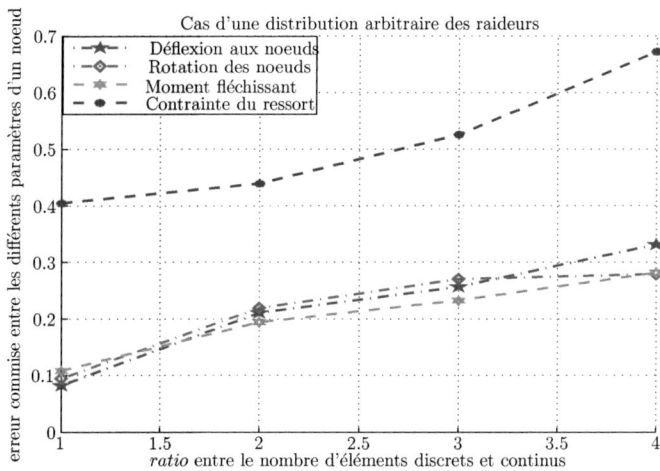

FIG. 2.24. *Désaccord sensible entre les flèches, les rotations, les moments fléchissants et les contraintes dans les ressorts dans le cas d'une distribution arbitraire des raideurs*

Chapitre 3

Approche mixte discrète/continue : Étude statique

C<small>E CHAPITRE</small> *porte sur l'étude statique du modèle de poutre unidimensionnel à partir de l'approche couplée. Dans un premier temps un critère numérique de couplage est proposé. Ensuite la solution du système est calculée à l'aide de l'approche mixte et comparée à celle de l'approche discrète. Plusieurs cas tests sont manipulés dans le code MATLAB pour mettre en évidence la pertinence et l'efficacité de cette approche mixte, que cela soit en terme de temps de calcul ou dans la réduction du nombre de degrés de liberté.*

Sommaire

3.1	**Introduction**	**78**
3.2	**Outils numériques de couplage**	**78**
	3.2.1 Erreur sur les déplacements	79
3.3	**Algorithme de résolution**	**83**
3.4	**Simulations numériques**	**84**
	3.4.1 Validation avec un calcul semi-analytique	84
	3.4.2 Famille des cas tests	85
	3.4.2.1 Raideurs homogènes par morceaux	85
	3.4.2.2 Raideurs oscillantes	87
	3.4.2.3 Raideurs arbitraires	88
	3.4.3 Évolution de l'erreur sur les différents paramètres	89
	3.4.4 Réduction du nombre de degrés de liberté	89
3.5	**Conclusion**	**92**

3.1 Introduction

Dans le chapitre précédent, un modèle de poutre unidimensionnel a été étudié à partir de deux approches discrète et continue. Plusieurs cas tests numériques des problèmes de voies ferrées ont été étudiés. Dans certains cas (hétérogénéités au voisinage de la charge appliquée, raideurs oscillantes *etc*), l'approche continue n'a pas été capable de reproduire le comportement discret et particulièrement dans les zones de ces hétérogénéités. D'où la nécessité de proposer une approche mixte couplant le discret et le continu et qui soit capable d'approcher le comportement discret du modèle.

L'échelle de base de l'approche couplée est macroscopique, où la taille des éléments est grossière. Des critères de couplage (développés plus tard) sont appliqués au calcul des paramètres des noeuds macroscopiques. Dans des zones locales où le comportement n'est pas identique à celui discret, un raffinement des éléments à l'échelle grossière va être nécessaire. Ce raffinement est appliqué jusqu'à ce que l'échelle des éléments devienne microscopique ou plutôt celle des éléments discrets. La figure (Fig.3.1) montre une simulation de cette approche couplée et des endroits d'application de chaque approche.

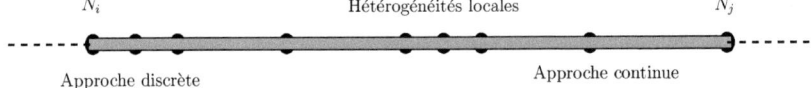

FIG. *3.1. Simulation de l'approche couplée proposée*

Ensuite, une description détaillée de l'approche couplée discrète/continue est présentée. Dans un premier temps, des critères de couplage sont proposés. Ensuite l'algorithme numérique de résolution de l'approche est le sujet de la section suivante. Des cas tests étudiés dans le chapitre précédent font le coeur de la validation numérique et mettent en évidence les avantages de l'approche mixte (reproduction correcte du comportement global du modèle, réduction du nombre de degrés de liberté, réduction de temps de calcul *etc*).

3.2 Outils numériques de couplage

Pour pouvoir appliquer l'approche mixte, des outils et des critères de couplage doivent être proposés. Ces critères nous guident dans les zones où l'application de l'approche discrète est nécessaire pour une bonne reproduction du comportement.

Nous considérons un exemple déjà étudié dans le chapitre précédent. Il est nécessaire que l'exemple choisi présente une différence entre les comportements discret et continu. Pour ce faire, nous choisissons l'exemple où des raideurs hétérogènes sont considérées au voisinage du point d'application de la charge extérieure.

3.2 Outils numériques de couplage

À partir de la description discrète du modèle, nous déduisons la description géométrique de l'approche macroscopique. La taille des éléments est le quadruple de celle d'un élément discret. Au départ, le calcul des paramètres nodaux se fait à l'aide de l'approche continue. Une fois le calcul fait, une paire quelconque de noeuds est choisie. Ensuite, les valeurs des efforts continus des deux noeuds (effort tranchant et moment fléchissant) sont choisies comme conditions aux limites dans le calcul de l'approche discrète correspondante. Ainsi, le comportement du modèle de poutre est résolu suivant une approche discrète en partant des données continues.

$$\begin{cases} T_c^i = T_d^j & \text{et} & T_c^{i-1} = T_d^{j-4} \\ M_c^i = M_d^j & \text{et} & M_c^{i-1} = M_d^{j-4} \end{cases} \quad (3.1)$$

i et j représentent respectivement les numéros d'un noeud continu et son équivalent discret (Fig.3.2). T_d^i est l'effort tranchant discret de l'$i^{\text{ème}}$ noeud.

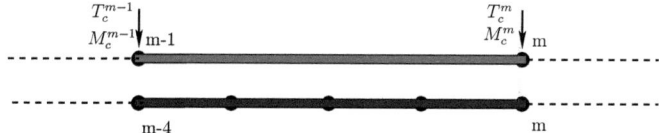

FIG. 3.2. *Élément de poutre $[m-1\,;\,m]$ pour l'approche continue ; $[m-4\,;\,m]$ pour l'approche discrète. (Ratio ED/EC = 4)*

Pour valider le calcul discret approché, à partir des données continues, un calcul discret exact est fait. La comparaison entre les solutions discrète exacte et approchée montre une concordance presque parfaite. Les courbes de la figure (Fig.3.3) montrent cette concordance (rapport ED/EC = 4).

3.2.1 Erreur sur les déplacements

Considérons le même exemple déjà traité dans la section précédente (3.2). Considérons un élément de poutre formé par deux noeuds modélisé à l'aide de l'approche continue. Son équivalent en approche discrète dépend évidemment du *ratio* (rapport des EDs et continus). Nous calculons tous les paramètres de chaque noeud en utilisant l'approche continue. Sur l'élément de poutre considéré, les valeurs des forces aux noeuds extrêmes, sont extraites.

Supposons une égalité entre les efforts calculés à ces noeuds suivant les deux approches, puis intégrons les valeurs des efforts continus dans l'approche discrète et tournons le calcul discret. Grâce à cette astuce, nous calculons les valeurs des paramètres de chaque noeud en utilisant l'approche discrète ainsi que ceux de l'élément de poutre considéré. Sur un élément de poutre $[n-ratio\ n]$, nous calculons la différence entre les flèches et les rotations calculées de deux manières différentes : calcul exact à partir de l'approche

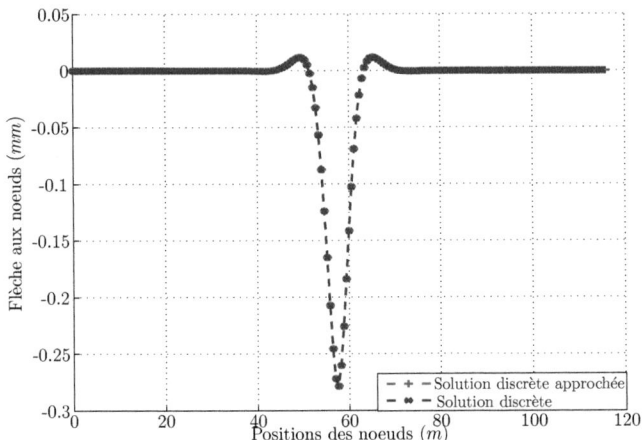

FIG. 3.3. *Comparaison des flèche calculées à partir des approches discrète et discrète interpolée*

continue (notée U_h) et calcul approché à partir de l'approche discrète utilisant des données continues (noté $\tilde{U}_d$). Cette erreur s'écrit de la manière suivante :

$$e_1 = \frac{\sum_{i=1}^{2} \left| U_h^i - \tilde{U}_d^i \right|}{\sum_{i=1}^{2} |U_h^i|} \tag{3.2}$$

$U_h = [u_h \ \theta_h]^T$ est le vecteur des déplacements calculé à partir de l'approche continue aux nœuds extrêmes de l'élément de poutre et $\tilde{U}_d = [\tilde{u}_d \ \tilde{\theta}_d]^T$ est le vecteur de déplacement calculé à partir de l'approche discrète.

Les courbes de la figure (Fig.3.4) montrent l'évolution de l'erreur dans le calcul des flèches et des rotations en fonction du ratio.

Sur la figure (Fig.3.5), est représenté l'élément de poutre quelconque sur lequel le vecteur de déplacement U_h a été calculé en utilisant l'approche continue, et le vecteur $\tilde{U}_d$ calculé à l'aide de l'approche discrète approchée.

Un autre calcul de l'erreur entre les paramètres mécaniques est présentée. Pour les valeurs des paramètres de l'approche discrète, elles sont les mêmes que celles calculées dans la première méthode. Cependant, pour les paramètres de l'approche continue, ils sont calculés par interpolation. Connaissant la forme de la solution exacte de l'approche (2.29),

3.2 Outils numériques de couplage

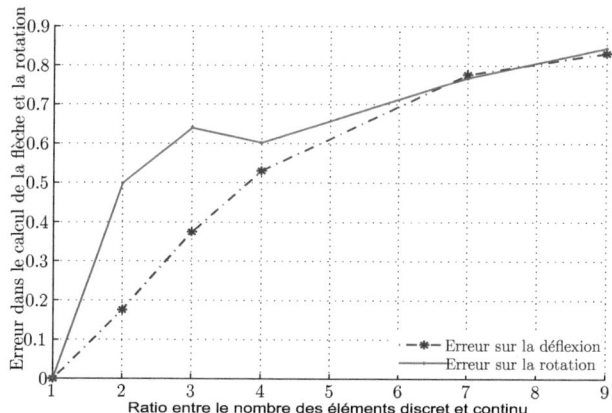

FIG. 3.4. *Erreur entre les flèches d'une part et les rotations d'autre part calculées à partir des approches continue et discrète approchée*

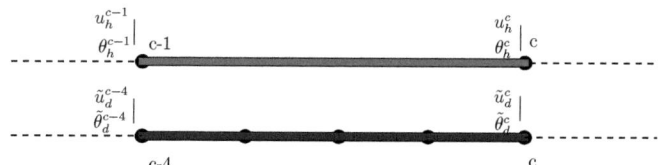

FIG. 3.5. *Vecteurs de déplacement U_h et $\tilde{U}_d$ sur un élément de poutre. Ratio (ED/EH)=4*

nous calculons le vecteur $[\alpha\ \beta\ \gamma\ \delta]$ sur le segment désigné et ainsi les paramètres de $\tilde{U}_h$ de chaque noeud sont calculés par interpolation.

$$u(x) = e^{(\mu x)}\left[\alpha\cos(\mu x) + \beta\sin(\mu x)\right] + e^{(-\mu x)}\left[\gamma\cos(\mu x) + \delta\sin(\mu x)\right] \quad (3.3)$$

Où $\mu = \left(\dfrac{\overline{K}}{4}\right)^{\frac{1}{4}}$, $\overline{K} = \dfrac{K}{EI}$ et K est la raideur macroscopique homogène, E est le module d'Young de l'acier et I est le moment quadratique d'une section de poutre.

La nouvelle forme de l'erreur s'écrit alors :

$$e_2 = \frac{\sum_{i=1}^{5}\left|\tilde{U}_h^i - \tilde{U}_d^i\right|}{\sum_{i=1}^{5}\left|\tilde{U}_h^i\right|} \quad (3.4)$$

Les courbes de la figure (Fig.3.6) montrent l'évolution de l'erreur absolue sur l'élément de poutre $[n - ratio~;~n]$ de la flèche et de la rotation.

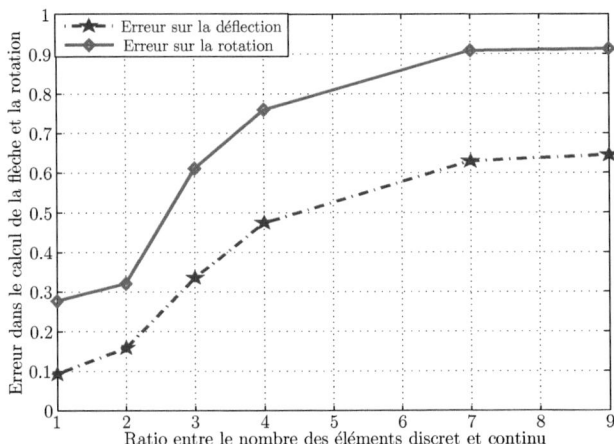

FIG. *3.6*. *Erreur entre les flèches d'une part et les rotations d'autre part calculées à l'aide d'une interpolation de l'approche continue et de l'approche discrète ayant comme conditions aux limites les efforts continus*

Dans les simulations suivantes, le critère de couplage à considérer est celui calculé à l'aide de la première formulation établie à l'équation (3.2). Sur la Figure (Fig.3.6), nous constatons que la deuxième formulation manque de précision par rapport à la première.

3.3 Algorithme de résolution

L'organigrame de l'algorithme de résolution de l'approche couplée est représenté dans la figure (Fig.3.7). À partir de la description discrète du modèle, une description macroscopique est déduite. L'échelle de base de l'approche couplée est alors macroscopique et la taille des éléments est grossière. Le rapport entre la taille d'un élément continu et d'un autre discret peut aller jusqu'à 9.

Une fois les conditions aux limites imposées, nous procédons au calcul des paramètres mécaniques sur le premier noeud continu. Sur ce noeud, nous appliquons les critères de couplage (Sec.2.3). Si la différence entre les valeurs de la flèche et respectivement de la rotation calculées à partir des deux approches continue et discrète approchée, est inférieure à 10 %, le calcul se poursuit en gardant la même échelle macroscopique. Dans le cas contraire, nous raffinons l'échelle de discrétisation en diminuant la taille de l'élément continu. Les critères de couplage sont à nouveau appliqués sur les nouveaux ddls créés. Tant que la différence au niveau des flèches et des rotations est supérieure à 10 %, l'échelle doit être raffinée jusqu'à ce qu'elle soit identique à celle de l'approche discrète.

L'objectif de cet algorithme est de créer une approche qui utilise à la fois une échelle grossière dans les zones homogènes et une échelle fine dans les zones hétérogènes.

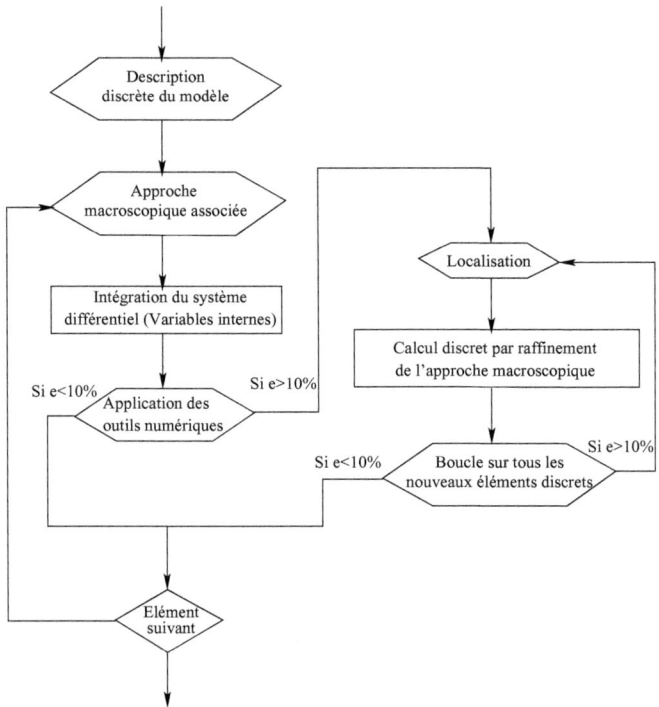

FIG. 3.7. *Organigrame de l'approche couplée discrète/continue*

3.4 Simulations numériques

Cette section est consacrée aux simulations numériques de l'approche couplée. Dans un premier temps, une validation numérique de l'approche mixte est proposée. Ensuite, nous nous intéressons aux cas tests étudiés dans le chapitre précédent où les deux approches discrète et continue ne donnent pas un comportement identique du modèle sous l'action d'une charge extérieure.

3.4.1 Validation avec un calcul semi-analytique

Nous reprenons l'exemple de la zone d'hétérogénéités locales au voisnage de la charge appliquée. Nous implémentons un calcul spécial d'une approche couplée où nous proposons d'utiliser l'approche discrète le long de la zone hétérogène, et dans le reste de la

3.4 Simulations numériques

structure l'approche continue est utilisée. Le but de ce test est de valider numériquement l'implémentation de l'approche couplée. Les courbes de la figure (Fig.3.8) montrent une concordance parfaite entre la solution couplée et celle discrète au niveau de tous les paramètres.

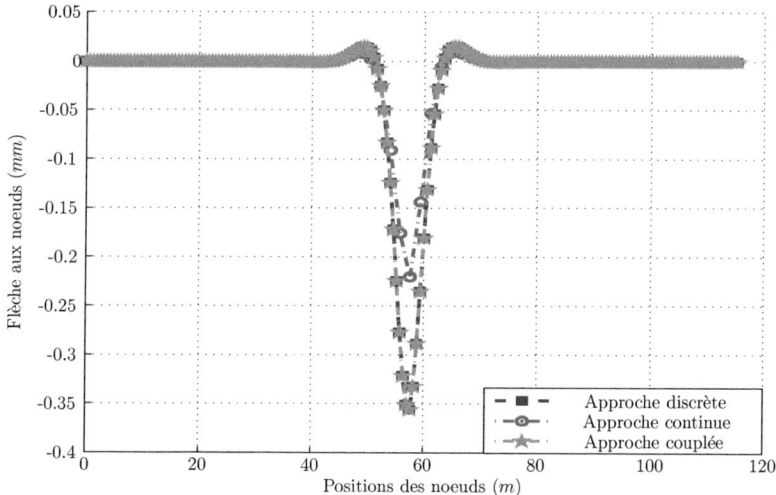

FIG. 3.8. *Validation numérique de l'approche couplée : Concordance parfaite entre la solution discrète et couplée. Cas d'une zone hétérogène avec un ratio (ED/EC = 3) et une force appliquée au milieu de la zone faible qui s'étend sur l'intervalle [55 ; 65] (m)*

3.4.2 Famille des cas tests

3.4.2.1 Raideurs homogènes par morceaux

Considérons l'exemple de poutre avec une zone de raideurs faibles autour de la charge, et loin de la charge des raideurs homogènes à valeurs élevées.

Cet exemple a été étudié à partir des approches discrète et continue dans le chapitre précédent. En supposant que la zone faible est juste au point d'application de la force F, nous observons une différence sensible entre les paramètres mécaniques des noeuds. Cette différence devient très importante au fur et à mesure que le *ratio* augmente.

L'approche couplée est appliquée à ce cas test. L'approche de base est continue avec un ratio $r = 4$. Au cours du calcul, un raffinement de l'échelle de discrétisation a eu lieu dans les zones de raideurs faibles. En résumé, une bonne concordance entre le comportement couplé et discret est observé. Les courbes de la figure (Fig.3.9) illustrent cette concordance.

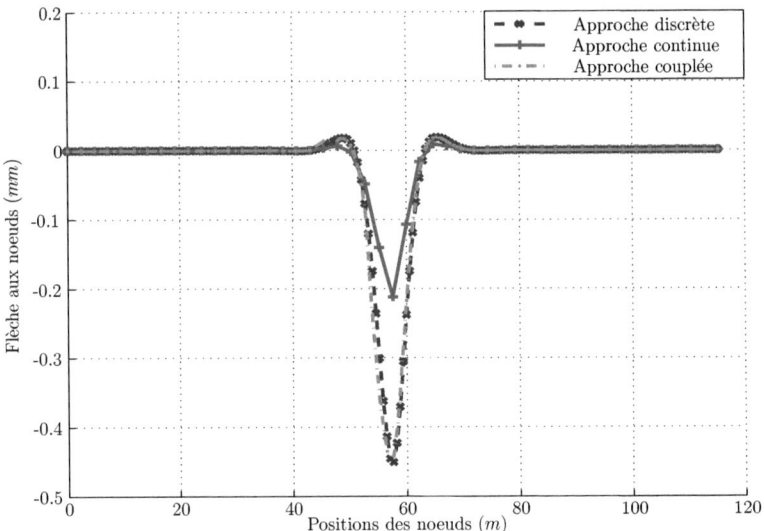

FIG. *3.9*. *Concordance presque parfaite entre les flèches couplée et discrète, et différence sensible avec celle continue*

À la fin de ce calcul, l'approche couplée est capable de connaître : la position des irrégularités au niveau des raideurs, le nombre d'éléments raffinés à l'échelle micro et le degré de raffinement où on n'est pas obligé d'aller à l'échelle micro pour reproduire le même comportement du modèle (Fig.3.10). Le comportement du modèle est reproduit avec 77 éléments alors que pour l'approche disrète compte 200 noeuds, d'où un gain d'éléments proche de 3.

Le tableau ci-dessous (Tab.3.1) montre l'influence de l'approche couplée sur le nombre de ddls utilisés pour reproduire le même comportement du modèle que celui obtenu par une approche discrète. Nous considérons l'exemple d'une approche continue avec 31 éléments dont la taille d'un élément est 7 fois plus grand que celui de l'élément de l'approche discrète. En appliquant l'approche couplée, on a eu besoin de 73 éléments au total pour reproduire le même comportement dont 50 sont discrets, d'où un facteur gain très proche de 3.

3.4 Simulations numériques

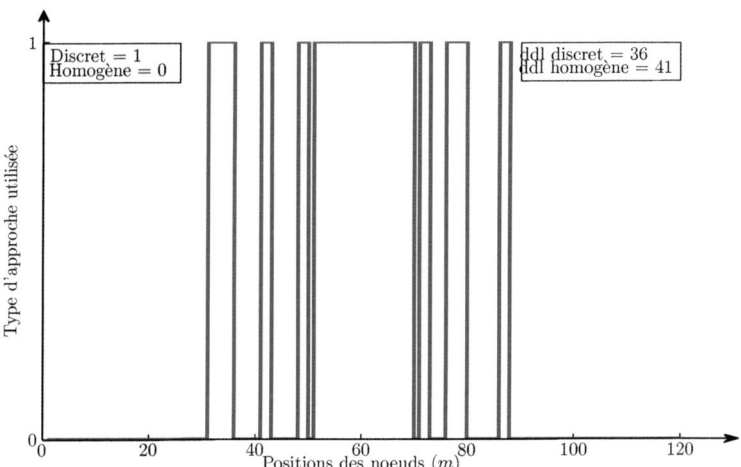

FIG. 3.10. Zones de raffinement et nombre de ddls utilisés de chaque type d'approche

Cas tests	Approche discrète	Approche continue	Approche couplée		
	ED	EC	Total	ED	EC
Zone de faiblesse (r=4)	200	50	77	36	41
Zone de faiblesse (r=7)	211	31	73	50	23

TAB. 3.1. Influence du couplage sur le nombre de ddls ; Zone de faiblesse

3.4.2.2 Raideurs oscillantes

Un deuxième cas test pour valider l'approche couplée est celui des raideurs oscillantes. La raideur microscopique k_i est prise comme une fonction oscillante :

$$k_i = \left(\cos\left(\frac{2\pi\, ih}{3}\right) + 1\right) \times 10^5 + 10^4 \qquad \text{(N/m)} \qquad (3.5)$$

Cette fonction oscillante a une période qui vaut 3. D'une façon similaire au cas des raideurs homogènes par morceaux, le calcul se fait tout d'abord en utilisant les deux approches discrète et continue. Une comparaison entre les solutions continue et discrète a montré une différence sensible dans le cas où le ratio ED/EC est élevé. Pour mieux reproduire le comportement, mais en réduisant le nombre de ddls et le temps de calcul, on applique l'approche couplée. Le calcul démarre avec une approche continue et un ratio = 4. Les critères de couplage sont ensuite imposés sur chaque noeud afin de détecter les endroits où la réponse n'est pas identique à celle discrète. Un raffinement de l'échelle est nécessaire dans ces endroits irréguliers. Grâce à l'approche couplée, le comportement du modèle est reproduit d'une manière très proche de celui obtenu par l'approche discrète. Le calcul discret a introduit 200 noeuds, alors que dans le calcul couplé 85 éléments au total ont été utilisés pour reproduire un comportement identique à celui discret.

Les courbes de la figure (Fig.3.11) montrent la bonne concordance entre les flèches discrète et couplée. Un simple calcul de l'erreur entre les différents paramètres des noeuds montre que celle-ci ne dépasse pas les 5%.

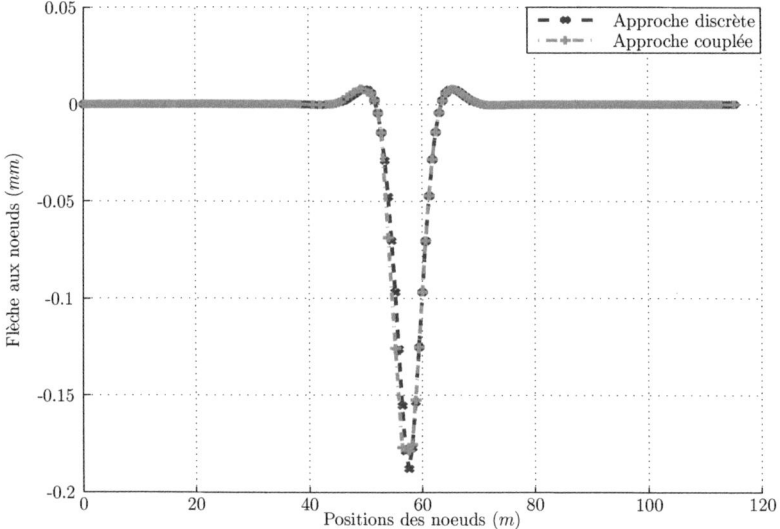

FIG. 3.11. Comparaison entre les flèches couplée et discrète; Raideurs oscillantes ratio (ED/EC = 4)

Ci-dessous le tableau (Tab.3.2) montre l'influence de l'approche couplée sur le nombre d'éléments utilisé pour reproduire le comportement du modèle.

3.4.2.3 Raideurs arbitraires

Dans ce dernier type de test qu'on va aborder, on considère la raideur microscopique comme étant une fonction arbitraire variant entre deux limites de k_i, (k_{min} et k_{max}). Cette fonction s'écrit :

3.4 Simulations numériques

Cas tests	Approche discrète	Approche continue	Approche couplée		
	ED	EC	Total	ED	EC
Raideurs oscillantes (r=4)	200	50	85	50	35
Raideurs oscillantes (r=7)	211	31	84	63	22

TAB. *3.2. Influence du couplage sur le nombre d'éléments des différentes approches ; Raideurs oscillantes*

$$k_i = (k_{max} - k_{min}) \times rand(n, 1) + k_{min} \qquad (3.6)$$

$rand(n, 1)$ désigne un vecteur de n variables de valeurs arbitraires comprises entre 0 et 1.

Une différence sensible entre les paramètres a été remarquée en utilisant les deux approches. Cette différence nous amène à appliquer une approche couplée.

Considérons le cas d'une approche continue où le ratio ED/EC vaut 4. L'approche couplée est au début, une approche continue avec des éléments de taille 4 fois plus grande que celle d'un élément discret. Comme dans les autres cas tests déjà étudiés, nous remarquons que la solution couplée est très proche de celle discrète. La figure (Fig.3.12) montre l'allure des rotations et leur bonne reproduction à partir de l'approche couplée.

3.4.3 Évolution de l'erreur sur les différents paramètres

Dans cette section, nous montrons l'évolution de l'erreur sur la flèche et sur la rotation en appliquant l'approche couplée. Nous considérons le cas test où les raideurs présentent des hétérogénéités au voisnage de la charge. Le ratio $\frac{ED}{EC}$ est supposé égal 4. Dans la première itération, l'erreur est maximale car l'échelle du calcul est macroscopique. Dans l'tération qui suit et après un raffinement de l'échelle de calcul dans les endroits irréguliers, cette erreur bien évidemment diminue. Dans la dernière itération, cette erreur est sûrement moins de 10%, car l'échelle de calcul sera celle de l'approche discrète. Les courbes des figures (Fig.3.13 et Fig.3.14) montrent l'évolution de cette erreur en fonction des itérations. Nous remarquons son atténuation dans la dernière itération et surtout dans les zones irréguliers.

3.4.4 Réduction du nombre de degrés de liberté

Un avantage non négligeable est la réduction du nombre de ddls nécessaires pour la reproduction du comportement du modèle. L'un des buts de l'approche couplée proposée est de reproduire un comportement le plus proche possible de celui discret en réduisant le nombre de ddls employés. Pour cela, dans les différentes simulations faites, un facteur de gain a été toujours calculé. Ce facteur est le rapport entre le nombre de noeuds de la description discrète du modèle et celui de l'approche couplée. Ce gain oscille entre 2.5 et 3

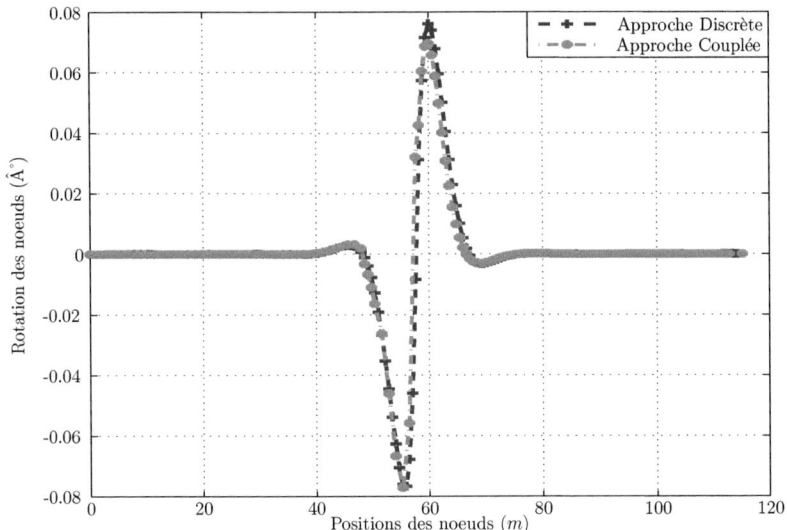

Fig. 3.12. *Rotation des noeuds calculée à partir des approches discrète et couplée ; Cas des raideurs arbitraires Ratio (ED/EC = 4)*

dans la majorité des cas tests étudiés. Le tableau (Tab.3.3) met en évidence l'importance de ce facteur.

Tests	App discrète	App continue	App couplée			
	ED	EC	Total	ED	EC	Gain
Zone faible (r=4)	**200**	50	**77**	36	41	**2.6**
Zone faible (r=7)	**211**	31	**73**	50	23	**2.9**
Zone faible (r=9)	**217**	25	**73**	54	19	**3**
Raideur oscillante (r=4)	**200**	50	**85**	50	35	**2.4**
Raideur oscillante (r=7)	**211**	31	**84**	63	22	**2.5**
Raideur arbitraire (r=4)	**200**	50	**74**	32	42	**2.7**

Tab. 3.3. *Réduction du nombre de degrés de libertés*

Où r désigne le paramètre "ratio", le rapport entre le nombre des éléments discret et continu.

Pour mieux expliquer le tableau ci-dessus, nous considérons le cas des raideurs avec une

3.4 Simulations numériques

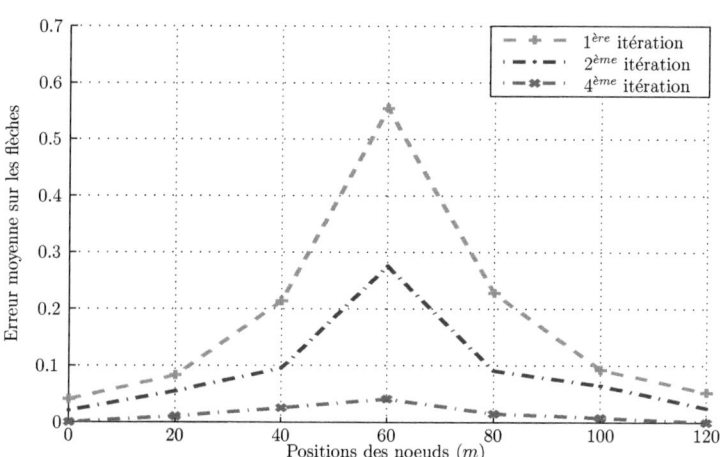

FIG. 3.13. *Évolution de l'erreur sur les flèches couplée et discrète*

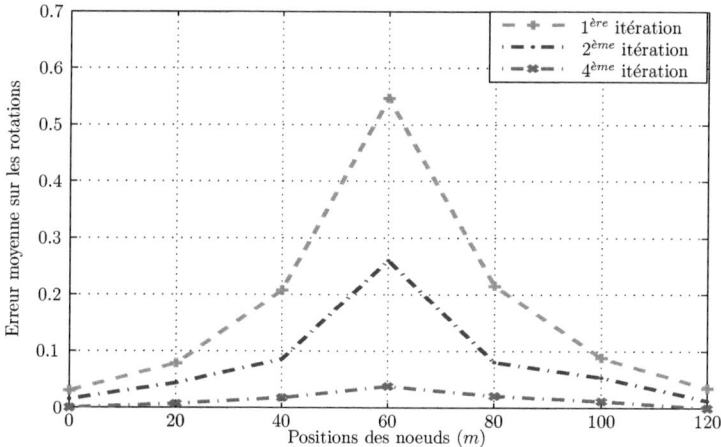

FIG. 3.14. *Évolution de l'erreur sur les rotations couplée et discrète*

zone de faiblesse au voisinage de la charge avec un ratio = 9. La description discrète du modèle est composée de **217** noeuds, tandis que l'approche couplée compte au total **73** noeuds dont 19 sont continus et les autres affinés. Le gain en ddls dans ce cas, vaut 3.

3.5 Conclusion

Dans le chapitre précédent, nous avons élaboré plusieurs cas tests qui simulent des problèmes réels pouvant intervenir durant le cycle de vie des voies ferrées. Parmi ces cas tests, nous avons distingué ceux où la présence des hétérogénéités dans certaines zones sous le rail conduisent à un comportement discret sensiblement différent de celui continu, surtout lorsque le rapport entre le nombre d'éléments des deux approches croît. Cette différence s'illustre plus particulièrement dans les zones présentant des hétérogénéités. Dans ces zones, l'approche discrète a été utilisée et dans le reste de la structure l'approche continue, qui nécessite moins d'éléments, a été suffisante pour calculer une réponse correcte de la structure. D'où l'idée de développer une approche couplée qui, au départ, est une approche continue avec des éléments grossiers, et qui sera capable de reproduire le comportement discret. Par application des critères de couplage (Sec.3.2.1), les éléments de cette approche sont affinés au fur et à mesure que c'est nécessaire. Dans certains endroits le raffinement peut se faire jusqu'à ce que l'échelle de calcul soit celle de l'approche discrète.

Nous avons remarqué grâce aux tests étudiés (Sec.3.4.2.1, 3.4.2.2 et 3.4.2.3), que l'approche couplée est pertinente et prometteuse pour des structures plus compliquées que celle mise en étude, et surtout pour celles avec un nombre de degrés de libertés plus important.

En résumé, l'efficacité de l'approche couplée est résumée en ces points ; la bonne concordance entre le comportement couplé et discret, la réduction du nombre de noeuds nécessaires pour reproduire le comportement discret, la réduction du temps de calcul comparé à celui discret et finalement la détection des endroits des hétérogénéités sous le rail.

Chapitre 4

Approche mixte ; Dynamique harmonique

Ce CHAPITRE *est dédié à l'étude de la dynamique harmonique de l'approche mixte et son application au modèle de poutre 1D. Dans un premier temps, la théorie des deux approches discrète et continue faite dans le deuxième chapitre est modifiée d'une étude statique à une étude dynamique harmonique. Ensuite plusieurs cas tests seront manipulés afin de mettre en évidence les cas où la solution continue ne coïncide pas avec celle discrète. L'algorithme de l'approche couplée établi dans le cas statique reste valable dans le cas dynamique en y intégrant les modifications en terme de matrice de rigidité. Dans le même code MATLAB utilisé pour le calcul statique, le calcul dynamique est implémenté. Enfin une famille de cas tests est générée afin de valider l'implémentation de cette approche et conclure sur ses avantages.*

Sommaire

4.1	**Introduction**	**95**
4.2	**Dynamique de l'approche discrète**	**95**
4.3	**Dynamique de l'approche continue**	**97**
4.4	**Validation du calcul dynamique**	**98**
	4.4.1 Fréquence de propagation	98
	4.4.2 Amortissement des paramètres mécaniques	98
	4.4.3 Vibration harmonique fixe ; Solution semi-analytique	99
	4.4.4 Algorithme de résolution numérique des deux approches	101
	4.4.5 Simulations numériques	101
	4.4.5.1 Validation de la solution numérique	101
	4.4.5.2 Raideurs homogènes	104
	4.4.5.3 Zone de raideurs hétérogènes autour de la charge F .	104
	4.4.6 Conclusion	105
4.5	**Dynamique de l'approche couplée**	**106**
	4.5.1 Outils numériques de couplage	106
	4.5.2 Algorithme numérique de couplage	107
	4.5.3 Simulations numériques	108
	4.5.3.1 Validation de l'implémentation	108
	4.5.3.2 Validation de l'approche couplée	108
	4.5.3.3 Réduction du nombre de ddls	110
	4.5.3.4 Réflexion d'onde au passage grossier-fin	110
4.6	**Conclusion**	**111**

4.1 Introduction

Dans le deuxième chapitre, le modèle de poutre 1D a été étudié avec deux approches discrète et continue dans le cas statique. L'existence des hétérogénéités dans certaines zones a rendu l'approche continue incapable de reproduire un comportement identique à celui discret. Cette différence a été à l'origine du développement de cette approche couplée. Dans ce chapitre, une étude dynamique du système est proposée suivant les approches discrète et continue (Nguyen & Duhamel, [43]) et (Ricci et al., [47]). Des modifications sur le calcul théorique des deux approches sont envisagées. Ces modifications sont implémentées dans le code MATLAB. On finit par une famille de cas tests, et la validation numérique de notre approche couplée.

4.2 Dynamique de l'approche discrète

Dans cette section, l'approche discrète du modèle de poutre va être développée dans le cas de la dynamique harmonique. Les détails de cette étude ne seront pas tous abordés vu que l'étude complète de cette approche a été déjà faite dans le chapitre 3. Seules les modifications qui auront lieu sur le calcul des différents paramètres sont présentées.

En partant de l'équation d'équilibre dynamique classique ($\sum F^{\text{ext}} = m\,\ddot{u}(x,t)$), le problème dynamique du modèle unidimensionnel en flexion est défini par :

$$\rho S\,\ddot{u}(x,t) + ku(x,t) + EI u^{(4)}(x,t) = F\delta(x-vt) \quad \forall\,(x,t) \in \Re^+ \times \Re^+ \qquad (4.1)$$

En réalité, l'étude dynamique est simplifiée ; elle porte sur la partie dynamique harmonique où la solution $u(x,t)$ s'écrit sous la forme de $u(x)\,e^{(i\omega t)}$. Nous nous intéressons donc au calcul de la solution partie réelle de $u(x,t)$ qui s'écrit comme suit : $u(x,t) = Re\left(u(x)\,e^{(i\omega t)}\right)$. La charge extérieure est supposée toujours fixe.

Pour l'approche discrète, l'expression $ku(x,t)$ s'écrit : $\sum_{i=1}^{N} h\,k_i u(x_i)\delta(x-x_i)$. La dérivée seconde de $u(x,t)$ par rapport au temps s'écrit : $\ddot{u}(x,t) = -\omega^2 u(x,t)$. Ainsi, l'équation différentielle de l'approche discrète est la suivante :

$$EI u^{(4)}(x) + \sum_{i=1}^{N} h\,k_i u(x_i)\delta(x-x_i) - \rho\omega^2 S u(x) = F\delta(x-D) \qquad (4.2)$$

ρS est la masse linéique de la poutre. ρ, S et ω sont respectivement la masse volumique de l'acier, la section de poutre et la fréquence angulaire de l'onde qui sollicite le système de poutre et des ressorts.

Le polynôme caractéristique de l'équation différentielle (4.2), où la solution a une forme exponentielle, $e^{\xi x}$ est :

$$\xi^4 - \frac{\rho\omega^2 S}{EI} = 0 \qquad (4.3)$$

L'équation (4.3) admet quatre racines qui sont à priori complexes : $\xi_j = r_j + i\, q_j$, $j = 1 \div 4$ où r_j représente l'atténuation et β_j représente la propagation de l'onde. La solution semi-analytique de l'équation différentielle (4.2) prend donc la forme suivante :

$$u(x) = \alpha\, e^{\xi x} + \beta\, e^{-\xi x} + \gamma\, e^{i\xi x} + \delta\, e^{-i\xi x} \qquad (4.4)$$

Où $\xi = \left(\dfrac{\rho \omega^2 S}{EI}\right)^{0.25}$.

Reprenons le calcul statique de l'approche continue effectué dans le premier chapitre. Les relations établies entre les vecteurs forces et déplacements des noeuds, sont réécrites avec les modifications nécessaires dans les formes de matrices. Ainsi la relation entre le vecteur de paramètre U_0 formé de la flèche $u(0)$, de la rotation $u'(0)$, du moment fléchissant $-\left(EI\, u''(0)\right)$ et de l'effort tranchant $-\left(EI\, u'''(0)\right)$ se réécrit sous la forme matricielle suivante :

$$U_0 = \begin{bmatrix} u_0 \\ \theta_0 \\ M_0 \\ T_0 \end{bmatrix} = \begin{pmatrix} 1 & 1 & 1 & 1 \\ \xi_0 & -\xi_0 & i\,\xi_0 & -i\,\xi_0 \\ -EI\,\xi_0^2 & -EI\,\xi_0^2 & EI\,\xi_0^2 & EI\,\xi_0^2 \\ -EI\,\xi_0^3 & EI\,\xi_0^3 & i\,EI\,\xi_0^3 & -i\,EI\,\xi_0^3 \end{pmatrix} \begin{bmatrix} \alpha \\ \beta \\ \gamma \\ \delta \end{bmatrix} = \tilde{R}_1\, g \qquad (4.5)$$

D'une façon similaire à U_0 et g, une relation entre U_h et $\tilde{g}$ peut être établie. Elle s'écrit :

$$U_h = \begin{bmatrix} u_h \\ \theta_h \\ M_h \\ T_h \end{bmatrix} = \begin{pmatrix} a_0 & b_0 & c_0 & d_0 \\ \xi_0\, a_0 & -\xi_0\, b_0 & i\,\xi_0\, c_0 & -i\,\xi_0\, d_0 \\ -EI\,\xi_0^2\, a_0 & -EI\,\xi_0^2\, b_0 & EI\,\xi_0^2\, c_0 & EI\,\xi_0^2\, d_0 \\ -EI\,\xi_0^3\, a_0 & EI\,\xi_0^3\, b_0 & i\,EI\,\xi_0^3\, c_0 & -i\,EI\,\xi_0^3\, d_0 \end{pmatrix} \begin{bmatrix} \tilde{\alpha} \\ \tilde{\beta} \\ \tilde{\gamma} \\ \tilde{\delta} \end{bmatrix} = \tilde{R}_4\, \tilde{g}$$

$$(4.6)$$

Dans le cas où la charge est appliquée à l'extérieur de la poutre et en utilisant les égalités (2.30 et 2.31), une relation entre U_0 et U_h est établie :

$$U_h = \tilde{R}_4\, \tilde{R}_3^{-1}\, \tilde{R}_2\, \tilde{R}_1^{-1}\, U_0 \qquad (4.7)$$

$\tilde{R}_2$ et $\tilde{R}_3$ sont des matrices qui lient respectivement le vecteur U_{Y^-} à g et le vecteur U_{Y^+} à $\tilde{g}$. Elles sont représentées par le système suivant :

$$\begin{cases} U_{Y^-} = \tilde{R}_2\, [\alpha\ \beta\ \gamma\ \delta]^T \\ U_{Y^+} = \tilde{R}_3\, [\tilde{\alpha}\ \tilde{\beta}\ \tilde{\gamma}\ \tilde{\delta}]^T \end{cases} \qquad (4.8)$$

Où

$$\tilde{R}_2 = \tilde{R}_3 = \begin{pmatrix} a_1 & b_1 & c_1 & d_1 \\ \xi_1\, a_1 & -\xi_1\, b_1 & i\,\xi_1\, c_1 & -i\,\xi_1\, d_1 \\ -EI\,\xi_1^2\, a_1 & -EI\,\xi_1^2\, b_1 & EI\,\xi_1^2\, c_1 & EI\,\xi_1^2\, d_1 \\ -EI\,\xi_1^3\, a_1 & EI\,\xi_1^3\, b_1 & i\,EI\,\xi_1^3\, c_1 & -i\,EI\,\xi_1^3\, d_1 \end{pmatrix} \qquad (4.9)$$

Où $a_1 = e^{\xi_1 Y}$, $b_1 = e^{-\xi_1 Y}$, $c_1 = e^{i\xi_1 Y}$ et $d_1 = e^{-i\xi_1 Y}$.

Dans le cas où la force est appliquée à l'intérieur du segment la relation établie dans (4.7) devient :

$$U_h = \tilde{R}_4 \, \tilde{R}_1^{-1} U_0 + \tilde{R}_4 \, \tilde{R}_3^{-1} \frac{F}{EI} \qquad (4.10)$$

Finalement, nous généralisons les égalités (4.7) et (4.10) pour une poutre reposant sur N segments de raideur K_i.

$$\begin{cases} \mathbf{U_{I+1}} = R_4 \, R_1^{-1} \mathbf{U_I} + R_4 \, R_3^{-1} \dfrac{\mathbf{F}}{EI} & \text{Charge à l'intérieur de l'élément} \\ \mathbf{U_{i+1}} = R_4 \, R_1^{-1} \mathbf{U_i} & \text{Charge à l'extérieur de l'élément} \end{cases} \qquad (4.11)$$

La relation entre le vecteur de force $\mathbf{F_{i\,i+1}} = [T_i \ M_i \ T_{i+1} \ M_{i+1}]^T$ et le vecteur de déplacements et de rotations $\mathbf{U_{i\,i+1}} = [u_i \ \theta_i \ u_{i+1} \ \theta_{i+1}]^T$ est calculée à l'aide des méthodes de calcul numériques dans le code MATLAB.

4.3 Dynamique de l'approche continue

La résolution de l'approche continue dans le cas dynamique ne va pas changer fondamentalement par rapport à l'étude dans le cas statique. Les changements sont principalement dans les termes des matrices qui lient les différents vecteurs de variable.
L'équation d'équilibre dynamique de l'approche couplée s'écrit comme suit :

$$EI u_h^{(4)} + K(x) u_h - \rho \omega^2 S u_h = F \, \delta(x - D) \qquad (4.12)$$

Le polynôme caractéristique de l'équation différentielle :

$$\zeta^4 + \frac{K - \rho \omega^2 S}{EI} = 0 \qquad (4.13)$$

L'équation (4.12) admet quatre racines qui sont à priori complexes : $\zeta_i = \alpha_j + i\beta_j$, $j = 1 \div 4$ où α_j représente l'atténuation et β_j représente la propagation de l'onde. Physiquement, en amortissant l'onde avec une petite valeur, seules les ondes avec des amplitudes finies à l'infini sont acceptées.

Dans le cas où $K(x)$ est constante sur chaque élément, la solution semi-analytique de l'équation différentielle (4.12) contient les quatres ondes incidentes sollicitant le système et s'écrit sous une forme exponentielle. Elle prend ainsi la forme suivante :

$$u(x) = A e^{\zeta x} + B e^{-\zeta x} + C e^{i\zeta x} + D e^{-i\zeta x} \qquad (4.14)$$

Où ζ étant la valeur de la raideur macroscopique dynamique, elle est fonction de la raideur moyenne des ressorts discrets et de la fréquence de l'onde qui sollicite le système global.
Elle s'écrit : $\zeta = \left(\dfrac{-K + \rho \omega^2 S}{EI} \right)^{\frac{1}{4}}$.

Les relations établies dans l'étude dynamique du cas discret (4.5 - 4.11) sont valables pour le cas continu en dynamique avec un seul changement où (ξ) sera remplacé par (ζ) dans toutes les matrices.

4.4 Validation du calcul dynamique

La validation est réalisée dans le cas d'un problème linéaire d'une poutre posée sur la fondation de Winkler. La charge est considérée fixe et harmonique. Dans un premier temps et dans le but de valider le calcul théorique et l'implémentation numérique, les résultats obtenus à partir des deux approches discrète et continue sont comparés à ceux obtenus par une méthode semi-analytique. Ensuite, plusieurs cas tests et des comparaisons entre les solutions discrète et continue font l'objet de cette section.

4.4.1 Fréquence de propagation

Le choix de la fréquence angulaire ω est conditionné de manière à ce que la longueur de l'onde transmise soit adaptée à la taille des éléments continus et ceci afin d'éviter la naissance des ondes parasites dûes aux réflexions d'onde. Pour tout type de simulation, la taille de discrétisation introduit une fréquence de coupure propre au modèle. En effet, pour qu'une onde se propage sans être modifiée, il faut que le rapport entre sa longueur et la taille des éléments du maillage, soit supérieur à 5. Dans le cas contraire, l'élément continu (EC) se comporte comme un obstacle fixe empêchant l'onde de se propager.

4.4.2 Amortissement des paramètres mécaniques

Les conditions aux limites imposées aux noeuds extrêmes joue le rôle d'obstacles empêchant la propagation de l'onde générant ainsi des réflexions d'onde aux extrémités. Dans ce cas, la solution numérique ne réflète pas la réalité du comportement du modèle soumis à l'action d'une charge dynamique extérieure. Pour éviter ce phénomène qui n'a pas d'explication physique, nous proposons deux types d'amortissement ; amortissement des paramètres mécaniques représentant les raideurs des noeuds et amortissement du module d'Young de l'acier. L'amortissement revient à multiplier la raideur des ressorts et le module d'Young par un coefficient complexe. L'amortissement des paramètres mécaniques sert à atténuer l'amplitude de l'onde, ainsi loin de la source l'émettant, l'amplitude est ramenée à zéro. Alors, pour une poutre assez longue, la forme du déplacement vertical reste inchangée si les conditions aux limites étaient appliquées à une distance plus proche que les extrémités de cette poutre. Grâce à cet amortissement, la taille de la poutre sera réduite en gardant la même forme de la solution et en minimisant le coût de simulation.

Le module d'Young amorti s'écrit : $E_{\text{amorti}} = E(1 + j\nu)$, où ν est le pourcentage d'amortissement proposé. ν est généralement faible. Par contre, le coefficient d'amortissement de la raideur des ressorts η est plus important que ν. La raideur amortie s'écrit : $K_{\text{amorti}} = K(1 + j\eta)$. Dans les simulations numériques qui suivront, une comparaison entre l'allure du déplacement vertical de la poutre dans les cas amorti et non amorti montre l'effet de cet amortissement.

4.4.3 Vibration harmonique fixe ; Solution semi-analytique

Les phénomènes vibratoires dans un cas simple d'une poutre de type Euler-Bernoulli soumise à une charge harmonique sont présentés. Cette poutre est de longueur finie notée L. La solution est obtenue par un calcul semi-analytique.

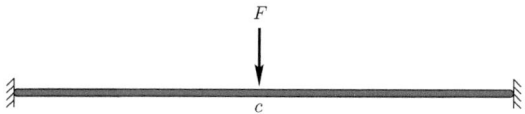

FIG. *4.1. Poutre de type Bernoulli soumise à une charge harmonique*

L'équation d'équilibre dynamique de cette poutre a été déjà formulée dans l'équation (4.4). La solution générale de cette équation différentielle du $4^{\text{ème}}$ ordre s'écrit sous la forme de deux équations $u_1(x)$ et $u_2(x)$ comme suit :

$$u_1(x) = A\left(cosh(\zeta x) - cos(\zeta x)\right) + B\left(sinh(\zeta x) - sin(\zeta x)\right) \quad x < c \quad (4.15)$$
$$u_2(x) = C\left(cosh\zeta(x-L) - cos\zeta(x-L)\right) + D\left(sinh\zeta(x-L) - sin\zeta(x-L)\right) \quad (4.16)$$

On définit la rotation θ, le moment de flexion M et l'effort tranchant T :

$$\theta(x) = \frac{\partial u(x)}{\partial x} \; ; \; M(x) = -EI\frac{\partial^2 u(x)}{\partial x^2} \; ; \; T(x) = -EI\frac{\partial^3 u(x)}{\partial x^3} \quad (4.17)$$

qui peuvent être déterminés en fonction des inconnus A, B, C, et D en dérivant la solution générale établie en (4.15).

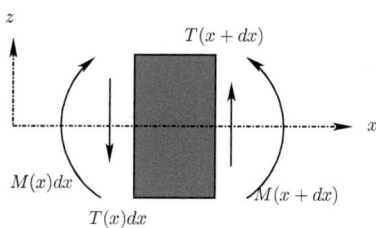

FIG. *4.2. Moment fléchissant et effort tranchant sur un élément de poutre*

À l'aide des conditions de continuité au point d'application de la charge F, les paramètres A, B, C, et D sont calculés ainsi que la solution à gauche et à droite de c. Ces conditions se résument par le système suivant :

$$\begin{aligned}
u_1\left(c^-\right) &= u_2\left(c^+\right) \\
\theta_1\left(c^-\right) &= \theta_2\left(c^+\right) \\
M_1\left(c^-\right) &= M_2\left(c^+\right) \\
T_1\left(c^-\right) &= T_2\left(c^+\right) - F
\end{aligned} \quad (4.18)$$

En effectuant le changement de variables suivant :

$\alpha = cos(\zeta c) - cosh(\zeta c), \quad \alpha_c = cos\zeta(c-L) - cosh\zeta(c-L),$

$\beta = sin(\zeta c) - sinh(\zeta c), \quad \beta_c = sin\zeta(c-L) - sinh\zeta(c-L),$

$\gamma = cos(\zeta c) + cosh(\zeta c), \quad \gamma_c = cos\zeta(c-L) + cosh\zeta(c-L),$

$\delta = sin(\zeta c) + sinh(\zeta c) \quad \text{et} \quad \delta_c = sin\zeta(c-L) + sinh\zeta(c-L),$

Le système d'équations établi en (4.18) peut être écrit sous une forme matricielle (4.19) permettant de calculer les constantes du problème.

$$\begin{bmatrix} A \\ B \\ C \\ D \end{bmatrix} = \begin{pmatrix} \alpha & \beta & -\alpha_c & -\beta_c \\ -\zeta\delta & -\zeta\alpha & \zeta\delta_c & -\zeta\alpha_c \\ \zeta^2 EI\gamma & \zeta^2 EI\delta & -\zeta^2 EI\gamma_c & -\zeta^2 EI\delta_c \\ -\zeta^3 EI\beta & \zeta^3 EI\gamma & \zeta^3 EI\beta_c & -\zeta^3 EI\gamma_c \end{pmatrix}^{-1} \begin{bmatrix} 0 \\ 0 \\ 0 \\ F \end{bmatrix} \quad (4.19)$$

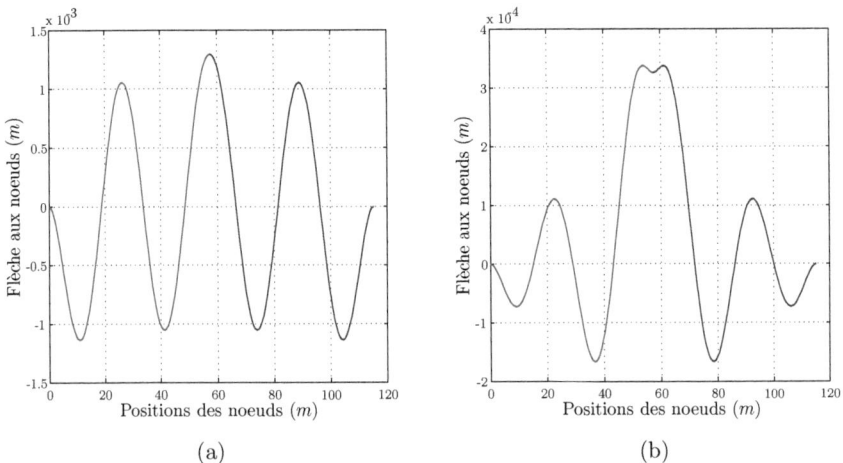

FIG. 4.3. Flèche d'une poutre posée sur une fondation de Winkler soumise à une charge extérieure appliquée au milieu. (a) Cas non amorti, (b) Cas amorti

La figure (Fig.4.3a) montre l'allure de la flèche de la poutre supposée être finie sous l'action d'une charge extérieure F. Sur la figure (Fig.4.3b), l'effet de l'amortissement est remarqué au niveau de la flèche où on peut conclure sur une atténuation de l'amplitude de l'onde au fur et à mesure qu'elle s'éloigne de la charge extérieure appliquée au milieu de la poutre. Par contre, sur la figure (Fig.4.3a) et loin de la force, l'amplitude de l'onde ne diminue quasiment pas, ce qui va sûrement poser des problèmes aux extrémités de la poutre. L'amortissement du module d'Young a pour effet d'atténuer toute réflexion d'ondes possible conduisant à la naissance d'ondes parasites qui perturbent le comportement du système. Il sert aussi à réduire la taille du domaine de calcul, ce qui signifie aussi un gain de temps.

4.4.4 Algorithme de résolution numérique des deux approches

Dans cette section, une description rapide du schéma numérique adapté pour calculer les deux approches continue et discrète dans le cas dynamique est présentée. L'algorithme de résolution a été détaillé dans le premier chapitre dans le calcul statique des deux approches. Il suffit d'intégrer les modifications rapportées au niveau des raideurs des ressorts qui sont maintenant en fonction de la fréquence de l'onde incidente qui sollicite le modèle. Cet algorithme consiste à établir une relation entre le vecteur des forces internes aux noeuds (effort tranchant et moment fléchissant) et le vecteur des déplacements (déplacement vertical et rotation). Cette relation est généralisée. Ainsi les deux noeuds extrêmes de la poutre -sur lesquels les conditions aux limites sont imposées- sont liés. Ensuite, pour trouver la solution du milieu, un système d'équations linéaires entre les paramètres d'un noeud extrême et un autre intérieur la poutre est à résoudre.

4.4.5 Simulations numériques

Nous nous intéressons à mettre en évidence les cas tests où l'approche continue devient incapable de reproduire le même comportement que celui produit par l'approche discrète.

Dans tous les cas tests qui sont présentés, la poutre mise en étude est de longueur $L = 120\,m$. La rigidité en flexion est $EI = 10^8\,Nm^2$, la charge extérieure appliquée est $F = 10^5\,N$, la fréquence des ondes doit être compatible avec la taille des éléments du maillage. Cette poutre est posée sur des ressorts sans amortissement. Les hétérogénéités se présentent au niveau des raideurs des ressorts. Elles sont dues à l'existence des traverses usées en dessous des rails ou d'une mauvaise répartition du ballast sous ces derniers.

Le tableau (Tab.4.1) rappelle les valeurs des paramètres physiques à considérer dans les simulations numériques.

4.4.5.1 Validation de la solution numérique

Dans ce paragraphe, une comparaison est proposée entre la solution numérique et la solution semi-analytique d'un exemple de poutre simple afin de valider l'implémentation

Paramètres	Unités	Valeurs
Module d'Young du sol	MPa	$E_{sol} = 50 , 100$
Module d'Young de l'acier	GPa	$E_{acier} = 210$
Moment quadratique d'une section	m^4	$I = 1,65 .10^{-5}$
Charge extérieure appliquée	KN	$F = 80$
Distance entre deux traverses	m	$h = 0.6$
Raideur des ressorts	N.m^{-1}	$k = 5 .10^5$
Aire d'une section	cm^2	$S = 76.86$
Masse volumique de l'acier	kg.m^{-3}	$\rho = 7850$
Masse sur la longueur	kg.m^{-1}	$\rho S = 60.34$
Amortissement de E		$\nu = 0.05 \div 0.1$
Amortissement de k		$\xi = 0.1 \div 0.3$

TAB. *4.1*. *Tableau des paramètres mécanique et physique*

des deux approches. Pour ce faire, nous considérons l'exemple d'une poutre reposant sur des ressorts dont les raideurs sont homogènes. Au milieu de la poutre, nous appliquons une force $F = 10^5$ N et les déplacements aux extrémités sont bloqués. La figure (Fig.4.4) montre la concordance entre les solutions numérique et analytique amorties. Sur la même figure, l'effet de 10% d'amortissement de la raideur des ressorts est clairement observée sur l'atténuation de l'amplitude de l'onde incidente (atténuation de la courbe bleue en rouge).

Dans le même exemple, une validation des deux approches discrète et continue avec la solution semi-analytique du modèle (déjà étudiée dans la section (Sec.4.4.3)) est faite. Nous avons pu constater une concordance presque parfaite entre l'allure des déplacements verticaux calculés à partir les différentes approches (Fig.4.5).

4.4 Validation du calcul dynamique

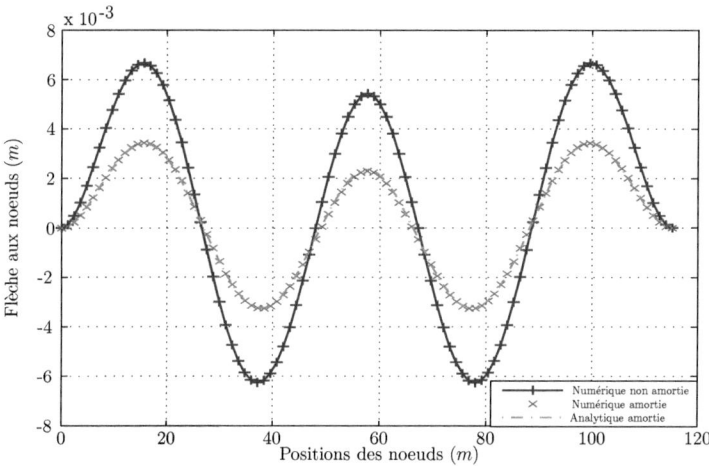

FIG. 4.4. Comparaison entre les solutions numérique et semi-analytique ; Cas amorti et non amorti

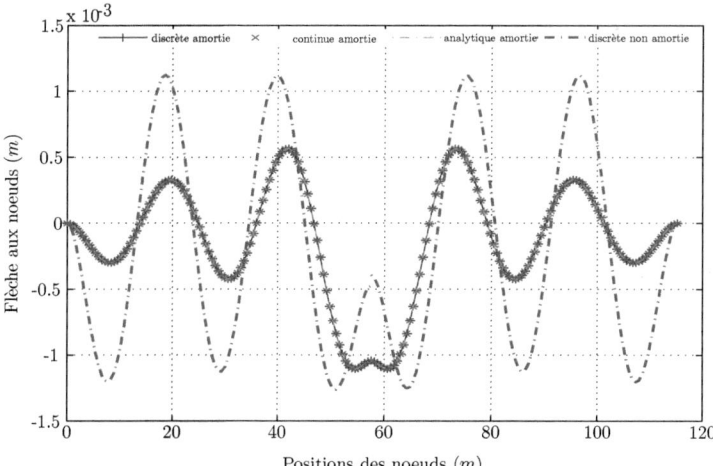

FIG. 4.5. Validation des solutions discrète et continue avec la solution semi-analytique ; la courbe pointillée représente la solution numérique non amortie

4.4.5.2 Raideurs homogènes

Après la validation établie ci-dessus, un ensemble de paramètres pour lesquels la solution est irrégulière doit être trouver et cela en comparant les différents paramètres des deux approches discrète et continue.

L'étape suivante consiste à identifier l'approche continue correspondante à celle discrète qui remplacera cette dernière lorsque la solution est régulière. Pour ce faire, nous testons des cas où des problèmes réels sont susceptibles de se passer durant la vie d'une voie ferrée.

Considérons le cas des raideurs homogènes de faibles valeurs et ensuite des raideurs à valeurs élevées.

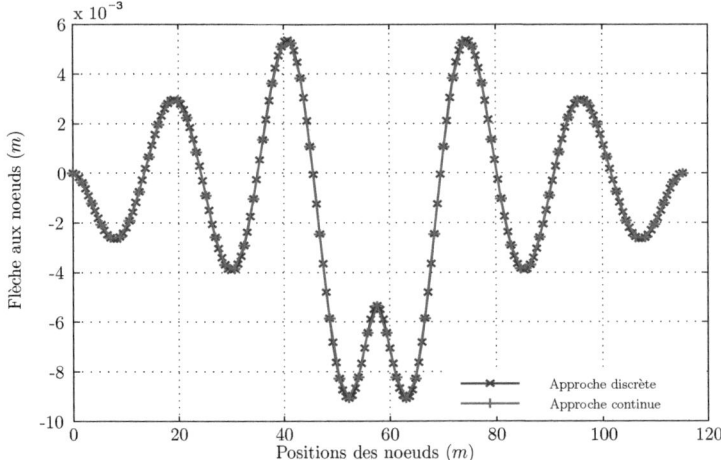

FIG. *4.6*. *Bonne concordance entre la flèche calculée à l'aide des deux approches ; Cas de raideurs homogènes à valeurs élevées ; Rapport ED/EC = 3*

Les tests numériques montre la concordance entre les paramètres des deux approches quelque soit la valeur des raideurs ressorts (faible ou élevée). Nous concluons sur une erreur qui atteint au pire des cas les 7%. La figure (Fig.4.6) vient étayer ce qui précède. Dans cet exemple, la valeur de la fréquence est de $10\,Hz$, ce qui veut dire une longueur d'onde qui vaut plus de 10 fois la taille d'un élément du maillage.

4.4.5.3 Zone de raideurs hétérogènes autour de la charge F

De la même manière que dans le cas des raideurs homogènes, nous étudions le cas où un espace de traverses consécutives usées présentent une certaine irrégularité (absence ou mauvaise répartition du ballast sous les traverses), se manifeste par une zone de raideurs faibles dans les simulations numériques.

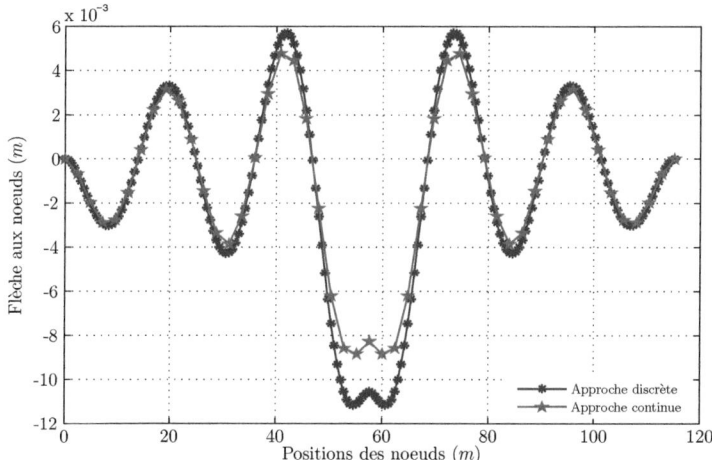

FIG. 4.7. *Différence entre les flèches calculées à partir des deux approches; Cas d'une zone de faiblesse au voisinage de la force F ; Rapport ED/EC = 2*

Dans ce cas test, nous avons pu conclure sur une différence sensible entre les différents paramètres et surtout au voisinage de la force appliquée à l'endroit où les irrégularités interviennent. Nous observons clairement l'effet du rapport entre la taille d'un élément discret et celle d'un élément continu. Quand ce rapport augmente, la discordance augmente. Dans ce type de situation l'approche continue ne peut pas remplacer l'approche discrète, alors pour une réponse plus précise du comportement du modèle, nous aurons besoin d'appliquer l'approche discrète dans ces zones irrégulières.

En d'autres termes, c'est ce type de situation qui va nous amener à l'application d'une approche capable de détecter ces zones singulières afin de mieux reproduire le comportement discret. La figure (Fig.4.7) illustre cette différence dans le cas où le rapport entre les éléments est égal à 2.

4.4.6 Conclusion

Dans cette partie, notre travail a consisté en l'étude des approches discrète et continue dans le cas dynamique harmonique. Après avoir manipulé plusieurs cas tests, nous avons pu déduire que lorsque nous disposons d'un rail qui ne présente aucune hétérogénéité au niveau des traverses et la répartition du ballast, l'approche continue remplace convenablement l'approche discrète. Et ceci reste valable même si le nombre d'éléments discrets est nettement plus important que le nombre d'éléments continus.

Dans le cas où des hétérogénéités se présentent dans certaines zones sous le rail, nous avons remarqué que les deux approches conduisent à des comportements très différents, surtout lorsque le rapport entre le nombre des éléments des deux approches augmente. Cette différence s'illustre plus particulièrement dans les zones présentant des hétérogénéités. Il est donc recommandé d'appliquer l'approche discrète dans ces zones là alors que dans le reste de la structure l'approche continue est suffisante.

La technique d'amortissement du module d'Young est introduite pour rendre les simulations numériques plus réelles. Cette technique donne un sens physique au phénomène de propagation d'onde. Il sert à atténuer les ondes en s'éloignant de la force pour empêcher toute réflexion d'onde possible aux extrémités. L'étape suivante consiste à procéder à ce couplage entre les deux approches.

4.5 Dynamique de l'approche couplée

Dans cette section, l'approche couplée discrète/continue est développée pour l'étude du modèle dans le cas dynamique harmonique. Une comparaison entre les solutions couplée et discrète est à établir dans chaque cas test. Pour ce faire, nous nous intéressons à la présentation des cas où l'application de cette approche est nécessaire tout en montrant ses avantages dans la reproduction correcte du comportement du modèle.

4.5.1 Outils numériques de couplage

L'application de l'approche couplée en dynamique doit se baser sur des critères numériques. Dans ce paragraphe, nous proposons un ou plusieurs critères de couplage qui conditionnent l'application de cette approche. Comme dans le cas statique, nous calculons l'erreur entre les flèches ou les rotations continue et discrète.

Considérons le cas d'une poutre reposant sur des ressorts avec une zone de raideurs à faibles valeurs au voisinage de la charge F puis effectuons le calcul de la poutre maillée par des éléments continus. Nous choisissons un élément de poutre quelconque et intégrons les valeurs des efforts de ses noeuds extrêmes dans le calcul discret. Ainsi les paramètres des noeuds des éléments discrets équivalents à l'élément continu considéré sont calculés d'une manière approximative. Ensuite une comparaison entre les valeurs calculées à l'aide de ces deux approches nous ramène au calcul de l'erreur sur la flèche et la rotation sur cet élément de poutre. Cette erreur est formulée dans l'équation (4.20) :

$$e = \frac{\sum_{i=1}^{2} \left| U_c^i - \tilde{U}_d^i \right|}{\sum_{i=1}^{2} |U_c^i|} \qquad (4.20)$$

4.5 Dynamique de l'approche couplée

U_c étant le vecteur de déplacement calculé à l'aide de l'approche continue sur les deux noeuds extrêmes ; $U_c = [u_c \; \theta_c]^T$ et $\tilde{U}_d$ le vecteur des déplacements calculé à partir de l'approche discrète ; $\tilde{U}_d = [\tilde{u}_d \; \tilde{\theta}_d]^T$.

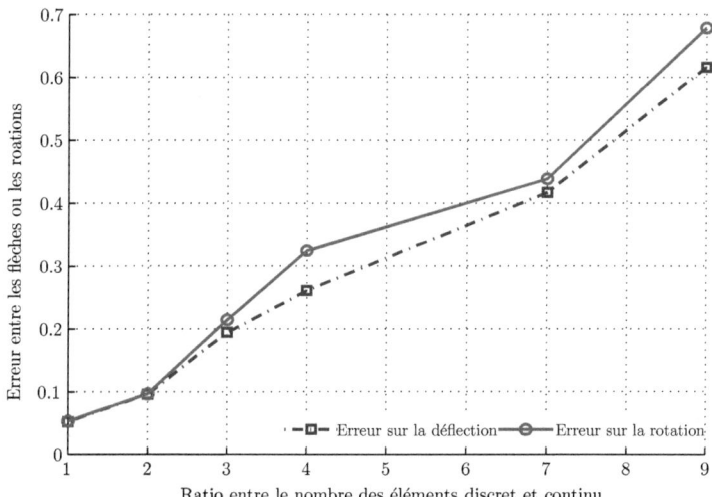

FIG. 4.8. *Erreur entre les flèches d'une part et les rotations d'autre part calculées à partir des approches continue et discrète approchée*

En faisant varier le rapport entre le nombre des éléments discret et continu, la valeur de cette erreur croit proportionnellement au rapport r. La figure (Fig.4.8) montre l'allure de ces erreurs.

4.5.2 Algorithme numérique de couplage

L'algorithme du couplage dynamique entre discret/continu est semblable à celui de la résolution du couplage statique. L'approche principale est une approche continue avec des éléments grossiers. Le critère de couplage calculé dans la section précédente est appliqué sur chaque noeud. Si l'erreur entre la flèche, respectivement la rotation calculées à l'aide des approches continue et discrète approchées est inférieure à 10 %, l'échelle de l'approche continue reste invariante. Dans le cas contraire, la discrétisation est affinée, c-à-d la taille de l'élément continue est réduite. À nouveau, les paramètres du nouveau noeud créé sont calculés et soumis aux critètres de couplage. Tant que l'erreur est supérieure à 10 %, la discrétisation sera raffinée jusqu'à ce que l'échelle de calcul devienne celle de l'approche discrète.

4.5.3 Simulations numériques

4.5.3.1 Validation de l'implémentation

Dans ce paragraphe, nous étudions le cas d'une poutre reposant sur des ressorts de raideurs homogènes à valeurs élevées sauf au voisinage de la force F où les raideurs sont de faibles valeurs.

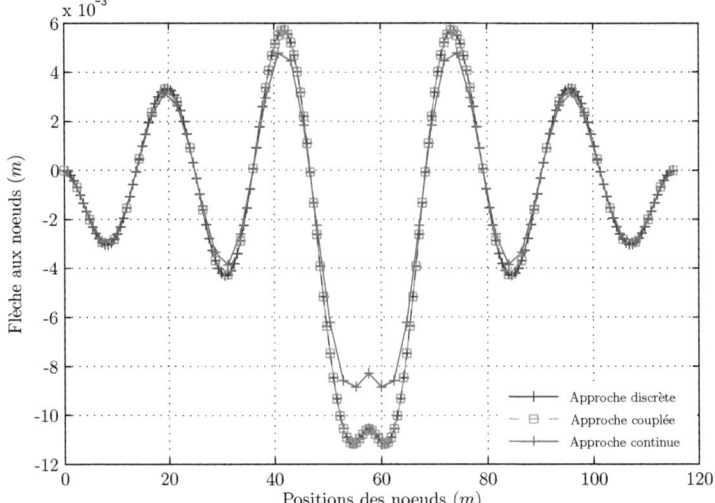

FIG. *4.9. Validation de l'approche couplée dans le cas d'une zone de faiblesse au voisinage de la force F ; Concordance couplé-discret*

Le calcul couplé a été implémenté de façon à considérer l'approche discrète dans la zone de faiblesse et plus loin l'approche continue. Une comparaison entre la solution discrète et couplée montre une concordance parfaite. La figure (Fig.4.9) met en évidence cette concordance. Ce test a été fait juste pour valider l'implémentation de l'approche couplée. Dans les cas suivants, le type d'approche à appliquer sur chaque noeud se fera automatiquement à l'aide des critères de couplage.

4.5.3.2 Validation de l'approche couplée

Nous allons traiter un des cas où les deux approches aboutissent à des résultats différents. Considérons le cas de la zone de faiblesse sous la charge extérieure et son voisinage.

4.5 Dynamique de l'approche couplée

Partons d'une approche continue dont la taille d'un élément est 4 fois plus grande que celle d'un élément discret, soit 50 éléments pour une poutre de longueur 120 m. En appliquant les critères de couplage, certains éléments sont raffinés. Une reproduction du comportement du modèle très proche de celui obtenu à l'aide de l'approche discrète utilisant 200 éléments a été remarquée. Au total le nombre d'éléments utilisé est de 65, d'où un gain en nombre d'éléments proche de 3. L'erreur entre la flèche calculée par les approches discrète et couplée n'atteint pas les 10%, ce qui reflète une bonne reproduction. La figure (Fig.4.10) illustre ceci.

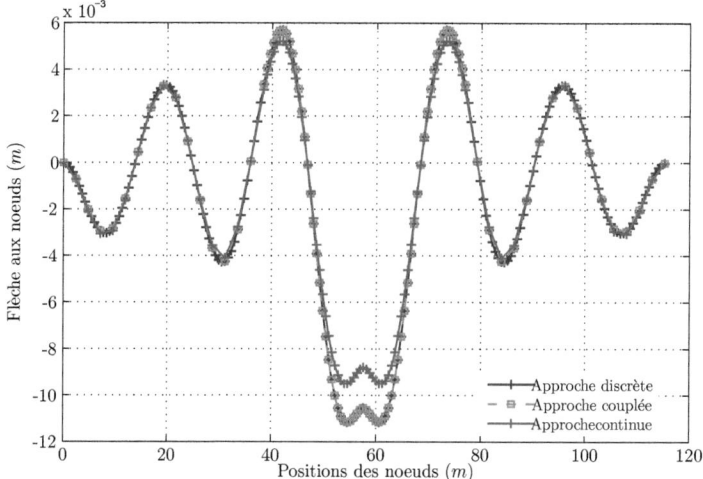

FIG. *4.10*. *Accord presque parfait entre la flèche calculée à partir des deux approches discrète et couplée ; cas de zone de faiblesse au voisinage de la charge*

4.5.3.3 Réduction du nombre de ddls

Un avantage non négligeable est la réduction du nombre d'éléments nécessaire pour la reproduction du comportement du modèle. Dans tous les cas tests étudiés, nous avons pu remarquer l'importance de ce facteur. Il varie entre 2 et 3 selon le cas étudié. Il est lié au *ratio*, rapport ED/EC. Quand le ratio croit, la différence observée au niveau de la solution discrète et continue augmente. Cela signifie une augmentation du nombre d'ED utilisé dans l'approche couplée, et par la suite une diminution du gain. Le tableau (Tab.4.2) montre quelques simulations numériques tout en illuminant l'importance du facteur gain.

Cas tests	Approche discrète	Approche continue	Approche couplée			Gain
	ED	EC	Total	ED	EC	
Zone faible (r=4)	**200**	50	**65**	20	45	**3.08**
Zone faible (r=7)	211	31	**78**	64	21	**2.71**
K oscillante (r=4)	211	50	**85**	50	35	**2.4**

TAB. *4.2. Influence du couplage sur le nombre de degrés de liberté mis en jeu*

Il est important de noter qu'un maillage plus fin a été indispensable aux endroits où des hétérogénéités sont présentes.

4.5.3.4 Réflexion d'onde au passage grossier-fin

Il reste néanmoins une question évidente qui se pose dans ce type de couplage maillages fins/grossiers, la réflexion d'onde au passage entre les deux maillages (Hammoud *et al.*, [23, 37]). Pour que l'onde traverse un élément d'un maillage, il faut que sa longueur d'onde soit au moins 5 fois plus grande que la taille de cet élément. Alors, dans le cas où une onde effectue un passage brutal d'un maillage fin à un autre grossier, le problème de réflexion d'onde doit être pris en considération.

Dans notre cas, l'approche couplée est à la base une approche continue avec des éléments grossiers. Alors le passage de l'onde à travers les éléments de ce maillage signifie que la longueur de l'onde est déjà adaptée au maillage. Au moment où un maillage plus fin est nécessaire l'onde n'aura pas de problème pour continuer sa propagation dans le nouveau maillage, car la longueur d'onde dans ce cas précis est représentée par un nombre d'éléments plus grand que celui du maillage de départ. D'autre part, on vérifie sur chaque élément la bonne concordance entre les modèles discret et continu lorsque le modèle continu est retenu. Il n'y a pas de discontinuité brutale des propriétés du milieu qui pourrait engendrer des réflexions parasites.

En conclusion, le problème de réflexion d'ondes lors du passage grossier-fin n'est pas d'actualité dans notre problème étudié. Dans le cas où un problème de réflexion se pose, cela revient à dire que dès le départ la longueur d'onde n'est pas adaptée au maillage et que le problème ne vient pas du couplage.

4.6 Conclusion

Dans ce chapitre, une étude de la dynamique harmonique du modèle de poutre de type *Bernoulli-Euler* a été faite. Le modèle de poutre a été étudié suivant une approche discrète et une autre continue. Ces deux approches ont été validées avec une solution semi-analytique. La technique d'amortissement du module d'Young et des raideurs des ressorts a été introduite sur le calcul numérique pour rendre les simulations numériques plus réelles et afin d'atténuer les ondes pour empêcher toute réflexion d'onde possible aux extrémités. Ensuite, plusieurs cas tests ont été envisagées pour traiter les problèmes qui interviennent dans l'étude des voies ferrées. Durant ces tests, nous avons remarqué l'existence de situations où l'approche continue ne peut pas reproduire un comportement identique à celui discret. Parmi ces situations, nous distinguons le cas où des hétérogénéités se présentent dans certaines zones sous le rail.

À cause de cette différence, il est envisagé d'utiliser l'approche discrète dans les zones singulières. Dans le reste de la structure, l'approche continue remplace convenablement celle discrète. D'où l'idée de faire une approche couplée qui est au départ une approche continue avec des éléments grossiers. L'algorithme de résolution de cette approche ressemble à celui développé dans le cas statique. Il est basé sur des critères limitant l'erreur sur la flèche ou la rotation calculée dans les deux approches à 10%. Une bonne reproduction du comportement discret est remarquée. Ainsi, les avantages de cette approche se résument par la réduction du nombre d'éléments nécessaire pour étudier le comportement d'où une capacité meilleure pour étudier des structures de grandes tailles et la réduction du temps de calcul.

Troisième partie

Modèle de maçonnerie 2D

Chapitre 5

Étude théorique

CE CHAPITRE *est consacré à l'étude d'un modèle de maçonnerie à l'aide de deux approches discrète et continue. Dans l'approche discrète les briques sont vues comme étant des corps rigides connectés par des interfaces élastiques. L'approche continue est basée sur l'homogénéisation du modèle discret. La solution du système par une approche discrète est comparée à celle par l'approche continue. Dans certains cas particuliers tels que les hétérogénéités, nous envisageons de développer un modèle couplé. L'algorithme de couplage développé dans le modèle 1D de la première partie de la thèse est réutilisé avec les modifications nécessaires.*

Sommaire

- **5.1 Position du problème** **115**
- **5.2 Modèle discret** **116**
  - 5.2.1 Géométrie de la maçonnerie 116
  - 5.2.2 Résolution dynamique 117
    - 5.2.2.1 Tenseurs de rigidité et de masse 119
  - 5.2.3 Principe fondamental de la dynamique 124
- **5.3 Modèle homogénéisé** **128**
  - 5.3.1 Discrétisation du domaine ; matrices de rigidité et de masse . . 128
    - 5.3.1.1 Schéma d'intégration numérique 132
  - 5.3.2 Tenseur de rigidité homogénéisé 132
- **5.4 Conclusion** **137**

5.1 Position du problème

Après la validation de l'approche couplée entre les milieux discret et continu dans l'étude des voies ferrées, une autre application pouvant mettre la pertinence de cette approche en évidence est celle d'un modèle 2D de maçonnerie. Cette application est le sujet de la dernière partie de la thèse. Dans un premier temps, l'étude théorique sera développée dans ce chapitre en se basant sur des travaux déjà existants (Cecchi & Sab, [5, 6, 7, 8]). Une fois ce calcul théorique implémenté dans un code MATLAB, diverses applications (chargement élastostatique, dynamique etc...) constitueront le coeur du dernier chapitre.

Comme dans le cas des voies ferrées, le modèle de maçonnerie (voir Fig.5.1) est étudié à l'aide d'une approche discrète, ensuite à l'aide d'une approche homogénéisée. Dans le cas de l'existence d'hétérogénéités ou de singularités, l'approche couplée est bien évidemment appliquée. De nouveaux critères de couplage sont à proposer dans cette application.

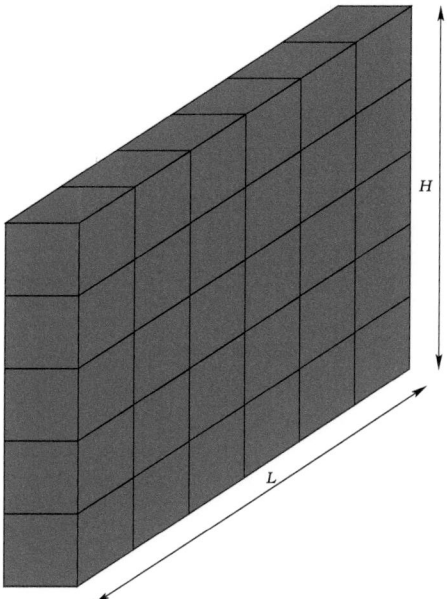

FIG. *5.1. Mur de maçonnerie en vue 3D, constitué de n-briques carrées périodiques*

Considérons une maçonnerie périodique constituée de briques carrées dont le côté est noté a et l'épaisseur c. Chaque brique à l'intérieur du domaine admet quatre briques voisines (voir Fig.5.2). Ce cas de maçonnerie périodique a été le sujet de plusieurs travaux, (Florence & Sab, [20], Anthoine, [2], Luciano *et al.*, [36] et Lee *et al.*, [33]). Quant au cas de maçonnerie non-périodique, nous citons les travaux de (Cluni & Gusella, [9]) et de (Cecchi & Sab, [8]).

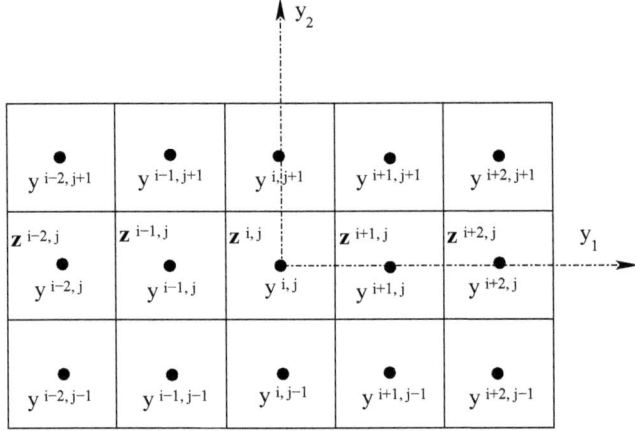

FIG. 5.2. *Maçonnerie formée à l'aide de briques périodiques de mêmes dimensions*

Dans ce qui suit, une résolution discrète du modèle de maçonnerie dans le cas dynamique est présentée. Chaque brique est considérée comme étant un élément avec trois degrés de liberté : deux de translation et un de rotation.

5.2 Modèle discret

Dans le modèle discret, les briques sont modélisées par des corps rigides (voir Lerbet [34]) connectés par des interfaces élastiques. La maçonnerie est vue comme un "squelette" dans laquelle les interactions entre les différents corps rigides sont représentées à l'aide des forces et des moments qui dépendent de leurs déplacements et rotations relatifs.

5.2.1 Géométrie de la maçonnerie

La géométrie de cette maçonnerie est décrite ci-dessous. $\mathbf{y}^{i,j}$ désigne la position du centre d'une brique appelée $B^{i,j}$. Elle est formulée dans l'espace Euclidien comme suit :

$$\mathbf{y}^{i,j} = ia\mathbf{e_1} + ja\mathbf{e_2} \qquad (5.1)$$

Soit $\mathbf{z}^{i,j}$ la position du centre de l'interface verticale entre les briques $B^{i-1,j}$ et $B^{i,j}$:

$$\mathbf{z}^{i,j} = (2i-1)\frac{a}{2}\mathbf{e_1} + ja\mathbf{e_2} \qquad (5.2)$$

5.2.2 Résolution dynamique

Le déplacement de la brique $B^{i,j}$ est considéré comme celui d'un corps rigide dans un plan. Il s'écrit comme étant la somme de la translation du corps rigide $\mathbf{u}^{i,j}(t)$ et de la partie due à la rotation $\omega^{i,j}(t)$:

$$\mathbf{u}(\mathbf{y},t) = \mathbf{u}^{i,j}(t) + \omega^{i,j}(t) \wedge (\mathbf{y} - \mathbf{y}^{i,j}), \quad \forall \mathbf{y} \in B^{i,j} \tag{5.3}$$

$\mathbf{u}^{i,j}(t)$ est le vecteur déplacement au point $\mathbf{y}^{i,j}$ à l'instant t et $\omega^{i,j}(t)$ est le vecteur de rotation de $B^{i,j}$ à l'instant t. Ces deux vecteurs s'écrivent de la manière suivante :

$$\mathbf{u}^{i,j}(t) = u_1^{i,j}(t)\mathbf{e_1} + u_2^{i,j}(t)\mathbf{e_2} \quad \text{et} \quad \omega^{i,j}(t) = \omega_3^{i,j}(t)\mathbf{e_3} \tag{5.4}$$

Si le mortier liant deux briques l'une à l'autre est considéré comme une interface à comportement élastique, alors la loi constitutive entre les efforts de traction et les champs de déplacement est une fonction linéaire qui s'écrit comme suit :

$$\mathbf{t} = \sigma\,\mathbf{n} = \mathbb{K}.\mathbf{d} \quad \text{sur S} \tag{5.5}$$

σ étant le tenseur de contrainte, $\mathbf{n}$ est la normale à l'interface S et $\mathbf{d}$ est le saut de déplacement à l'interface S.

L'énergie de déformation élastique $\mathcal{W}$ associée à l'interface S s'écrit :

$$\mathcal{W} = \frac{1}{2} \int_S \mathbf{d}.(\mathbb{K}.\mathbf{d})dS \tag{5.6}$$

Cependant, chaque brique $B^{i,j}$ située à l'intérieur de la géométrie, admet quatre interfaces $S_{k_1,k_2}^{i,j}$ avec $(k_1, k_2) \in \mathcal{K}$:

$\mathcal{K} \equiv \{(+1,0), (-1,0), (0,+1), (0,-1)\}$,

$$S_{+1,0}^{i,j} = \begin{pmatrix} y_1 = z_1^{i+1,j} \\ (j-\frac{1}{2})a \preceq y_2 \preceq (j+\frac{1}{2})a \\ -\frac{c}{2} \preceq y_3 \preceq \frac{c}{2} \end{pmatrix} \; ; \; S_{-1,0}^{i,j} = \begin{pmatrix} y_1 = z_1^{i,j} \\ (j-\frac{1}{2})a \preceq y_2 \preceq (j+\frac{1}{2})a \\ -\frac{c}{2} \preceq y_3 \preceq \frac{c}{2} \end{pmatrix}$$

$$S_{0,+1}^{i,j} = \begin{pmatrix} z_1^{i,j} \preceq y_1 \preceq z_1^{i+1,j} \\ y_2 = (j+\frac{1}{2})a \\ -\frac{c}{2} \preceq y_3 \preceq \frac{c}{2} \end{pmatrix} \; ; \; S_{0,-1}^{i,j} = \begin{pmatrix} z_1^{i,j} \preceq y_1 \preceq z_1^{i+1,j} \\ y_2 = (j-\frac{1}{2})a \\ -\frac{c}{2} \preceq y_3 \preceq \frac{c}{2} \end{pmatrix}$$
(5.7)

Les vecteurs normaux aux interfaces sont les suivants :

$$\mathbf{n}_{0,+1}^{i,j} = +\mathbf{e_2} \; ; \; \mathbf{n}_{0,-1}^{i,j} = -\mathbf{e_2} \; ; \; \mathbf{n}_{\pm 1,0}^{i,j} = \pm\mathbf{e_1}$$

Les positions des centres des interfaces $S_{k_1,k_2}^{i,j}$ s'écrivent :

$$\begin{array}{rclrcl}
\mathbf{x}_{0,+1}^{i,j} & = & \frac{1}{2}(2ia\mathbf{e_1} + (2j+1)a\mathbf{e_2}) & , & \mathbf{x}_{0,-1}^{i,j} & = & \frac{1}{2}(2ia\mathbf{e_1} + (2j-1)a\mathbf{e_2}) \\
\mathbf{x}_{+1,0}^{i,j} & = & \frac{1}{2}((2i+1)a\mathbf{e_1} + 2ja\mathbf{e_2}) & , & \mathbf{x}_{-1,0}^{i,j} & = & \frac{1}{2}((2i-1)a\mathbf{e_1} + 2ja\mathbf{e_2})
\end{array} \qquad (5.8)$$

Sachant que chaque interface est commune à deux briques nous avons les relations suivantes :

$$S_{k_1,k_2}^{i,j} = S_{-k_1,-k_2}^{i+k_1,j+k_2} \quad \text{et} \quad \mathbf{x}_{k_1,k_2}^{i,j} = \mathbf{x}_{-k_1,-k_2}^{i+k_1,j+k_2}$$

De même, les énergies des différentes interfaces sont égales :

$$\mathcal{W}_{k_1,k_2}^{i,j} = \mathcal{W}_{-k_1,-k_2}^{i+k_1,j+k_2} \qquad (5.9)$$

Le déplacement relatif à une interface entre deux briques voisines telles que $B^{i,j}$ et $B^{i+k_1,j+k_2}$, d'un point quelconque $\mathbf{y} \in S_{k_1,k_2}^{i,j}$ s'écrit comme suit :

$$\mathbf{d}_{k_1,k_2}^{i,j}(\mathbf{y},t) = \mathbf{u}^{i+k_1,j+k_2}(t) - \mathbf{u}^{i,j}(t) + \omega^{i+k_1,j+k_2}(t) \times (\mathbf{y} - \mathbf{y}^{i+k_1,j+k_2}) - \omega^{i,j}(t) \times (\mathbf{y} - \mathbf{y}^{i,j}) \qquad (5.10)$$

Le déplacement est linéaire suivant les directions $\mathbf{y}_1$ et $\mathbf{y}_2$ pour les interfaces horizontales et verticales. Les efforts de tractions au point $\mathbf{y} \in S_{k_1,k_2}^{i,j}$ sont donnés par :

$$\mathbf{t}_{k_1,k_2}^{i,j}(\mathbf{y},t) = \mathbf{K}_{k_1,k_2}^{i,j} . \mathbf{d}_{k_1,k_2}^{i,j}(\mathbf{y},t) \qquad (5.11)$$

Où $\mathbf{K}_{k_1,k_2}^{i,j}$ est le tenseur de rigidité élastique de l'interface $S_{k_1,k_2}^{i,j}$.

Par symétrie, les déplacements relatifs aux interfaces $S_{k_1,k_2}^{i,j}$ et $S_{-k_1,-k_2}^{i+k_1,j+k_2}$ sont égaux. C'est aussi le cas pour les efforts de tractions et les tenseurs de rigidité. Cela peut être formulé de la manière suivante :

$$\mathbf{d}_{k_1,k_2}^{i,j}(\mathbf{y},t) - \mathbf{d}_{-k_1,-k_2}^{i+k_1,j+k_2}(\mathbf{y},t) = 0$$

$$\mathbf{t}_{k_1,k_2}^{i,j}(\mathbf{y},t) + \mathbf{t}_{-k_1,-k_2}^{i+k_1,j+k_2}(\mathbf{y},t) = 0 \qquad (5.12)$$

$$\mathbf{K}_{k_1,k_2}^{i,j} = \mathbf{K}_{-k_1,-k_2}^{i+k_1,j+k_2}$$

Pour des mortiers isotropes, le tenseur de rigidité est donné par :

$$\mathbb{K} = \frac{1}{e} \left(\mu^M \mathbf{I} + (\lambda^M + \mu^M)(\mathbf{n} \otimes \mathbf{n}) \right) \qquad (5.13)$$

où λ^M et μ^M sont les coefficients de Lamé intrinsèques au mortier, (on suppose que $K' = \lambda^M + 2\mu^M$ et $K'' = \mu^M$) et e est l'épaisseur réelle du joint. Dans ce cas, le tenseur de rigidité $\mathbb{K}$ admet une forme diagonale :

$$\mathbb{K} = \begin{bmatrix} \dfrac{K''}{e} & 0 \\ 0 & \dfrac{K'}{e} \end{bmatrix} \qquad (5.14)$$

5.2 Modèle discret

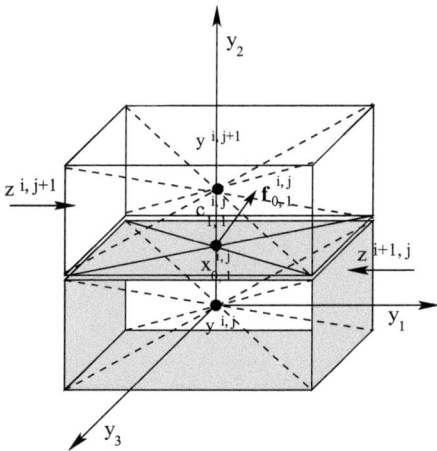

FIG. 5.3. *Bilan des forces et des couples d'interaction entre deux interfaces*

5.2.2.1 Tenseurs de rigidité et de masse

Chaque brique est entourée par 4 autres briques, d'où l'existence de 4 interfaces dont 2 sont horizontales et 2 verticales. Vu la symétrie et la périodicité de la géométrie de maçonnerie, le calcul des tenseurs se limite à deux types d'interfaces (Fig.5.4).

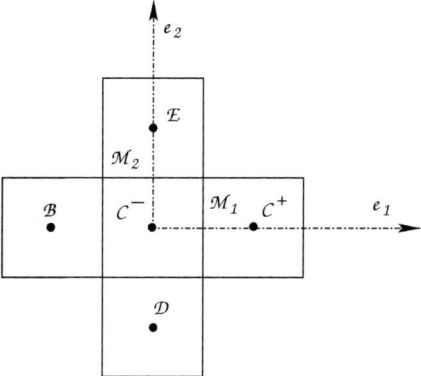

FIG. 5.4. *Les deux types d'interface commune à chaque brique*

Tenseurs de rigidité :

- *Interface verticale*, l'ensemble des points M_1. L'épaisseur du joint réel vertical entre deux briques voisines est notée e^v. Les distances des centres C^+ et C^- au point M_1 appartenant à l'interface s'écrivent :

$$\begin{aligned} C^+M_1 &= -\frac{a}{2}\mathbf{e_1} + y\mathbf{e_2} \\ C^-M_1 &= \frac{a}{2}\mathbf{e_1} + y\mathbf{e_2} \end{aligned} \quad (5.15)$$

Le déplacement du point situé sur l'interface verticale s'écrit de deux manières :

$$\begin{aligned} \underline{u}^+(M_1) &= \underline{u}(C^+) + \omega^+ \wedge C^+M_1 \\ \underline{u}^-(M_1) &= \underline{u}(C^-) + \omega^- \wedge C^-M_1 \end{aligned} \quad (5.16)$$

À partir de l'équation (5.16), on déduit la forme du déplacement relatif du point M_1 qui s'écrit ainsi :

$$\begin{aligned} \underline{d} &= \underline{u}^+(M_1) - \underline{u}^-(M_1) = d_1\mathbf{e_1} + d_2\mathbf{e_2} \\ &= \left(u^+ - u^- + (\omega^- - \omega^+)\,y\right)\mathbf{e_1} + \left(v^+ - v^- - (\omega^- + \omega^+)\frac{a}{2}\right)\mathbf{e_2} \end{aligned} \quad (5.17)$$

Rappelons que chaque brique possède trois degrés de liberté représentés par le vecteur $\underline{u} = [u\ v\ \omega]^T$.

En explicitant la matrice de rigidité $\mathbf{K_1}$ par sa valeur dans l'énergie de déformation élastique $\mathcal{W}$ de l'interface horizontale (ensemble des points M_1) formulée en (5.6), cette énergie devient :

$$\mathcal{W} = \frac{1}{2}\int_\Omega \left(\frac{K'}{e^v}d_1^2 + \frac{K''}{e^v}d_2^2\right)d\Omega \quad (5.18)$$

L'intégrale dépend de la variable y qui varie entre $\left(-\frac{a}{2},\ \frac{a}{2}\right)$. Afin de simplifier la forme des matrices de rigidité, la rotation est normalisée telle que : $\omega^* = a\,\omega\sqrt{2}$. L'énergie de déformation s'écrit sous la forme suivante :

$$\mathcal{W} = U^T\,\mathcal{K}_1\,U \quad (5.19)$$

où $U = [u^+\ v^+\ \omega^{*+}\ u^-\ v^-\ \omega^{*-}]^T$ est le vecteur contenant les degrés de liberté de deux briques voisines. $\mathcal{K}_1$ est la matrice de rigidité de l'interface verticale ensemble des points M_1, elle s'écrit :

$$\begin{pmatrix} \dfrac{K'a}{e^v} & 0 & 0 & -\dfrac{K'a}{e^v} & 0 & 0 \\ 0 & \dfrac{K''a}{e^v} & -\dfrac{K''a\sqrt{2}}{4e^v} & 0 & -\dfrac{K''a}{e^v} & -\dfrac{K''a\sqrt{2}}{4e^v} \\ 0 & -\dfrac{K''a\sqrt{2}}{4e^v} & \dfrac{(K'+3K'')a}{24e^v} & 0 & \dfrac{K''a\sqrt{2}}{4e^v} & \dfrac{(-K'+3K'')a}{24e^v} \\ -\dfrac{K'a}{e^v} & 0 & 0 & \dfrac{K'a}{e^v} & 0 & 0 \\ 0 & -\dfrac{K''a}{e^v} & \dfrac{K''a\sqrt{2}}{4e^v} & 0 & \dfrac{K''a}{e^v} & \dfrac{K''a\sqrt{2}}{4e^v} \\ 0 & -\dfrac{K''a\sqrt{2}}{4e^v} & \dfrac{(-K'+3K'')a}{24e^v} & 0 & \dfrac{K''a\sqrt{2}}{4e^v} & \dfrac{(K'+3K'')a}{24e^v} \end{pmatrix} \quad (5.20)$$

- *Interface horizontale*, l'ensemble des points M_2. L'épaisseur du joint réel horizontal entre deux briques voisines est notée e^h. Les distances des centres E et C^- au point M_2 appartenant à l'interface s'écrivent :

$$\begin{aligned} EM_2 &= x\,\mathbf{e_1} - \dfrac{a}{2}\,\mathbf{e_2} \\ C^-M_2 &= x\,\mathbf{e_1} + \dfrac{a}{2}\,\mathbf{e_2} \end{aligned} \quad (5.21)$$

Le déplacement d'un point situé sur cette interface horizontale s'écrit de deux manières :

$$\begin{aligned} \underline{u}^+(M_2) &= \underline{u}(E) + \omega^+ \wedge EM_2 \\ \underline{u}^-(M_2) &= \underline{u}(C^-) + \omega^- \wedge C^-M_2 \end{aligned} \quad (5.22)$$

À partir de l'équation (5.22), on déduit la forme du déplacement relatif du point M_2 qui s'écrit :

$$\begin{aligned} \underline{d} &= \underline{u}^+(M_2) - \underline{u}^-(M_2) \\ &= \left(u^+ - u^- + (\omega^+ + \omega^-)\dfrac{a}{2}\right)\mathbf{e_1} + \left(v^+ - v^- + x(\omega^+ - \omega^-)\right)\mathbf{e_2} \end{aligned} \quad (5.23)$$

Dans ce cas l'intégrale dépend de la variable x qui varie entre $\left(-\dfrac{a}{2}, \dfrac{a}{2}\right)$. La même procédure de calcul de l'énergie de déformation est utilisée pour calculer la matrice de rigidité $\mathcal{K}_2$ de l'interface ensemble des points M_2, elle s'écrit :

$$\begin{pmatrix} \dfrac{K''a}{e^h} & 0 & \dfrac{K''a\sqrt{2}}{4e^h} & -\dfrac{K''a}{e^h} & 0 & \dfrac{K''a\sqrt{2}}{4e^h} \\ 0 & \dfrac{K'a}{e^h} & 0 & 0 & -\dfrac{K'a}{e^h} & 0 \\ \dfrac{K''a\sqrt{2}}{4e^h} & 0 & \dfrac{(3K''+K')a}{24e^h} & -\dfrac{K''a\sqrt{2}}{4e^h} & 0 & \dfrac{(3K''-K')a}{24e^h} \\ -\dfrac{K''a}{e^h} & 0 & -\dfrac{K''a\sqrt{2}}{4e^h} & \dfrac{K''a}{e^h} & 0 & -\dfrac{K''a\sqrt{2}}{4e^h} \\ 0 & -\dfrac{K'a}{e^h} & 0 & 0 & \dfrac{K'a}{e^h} & 0 \\ \dfrac{K''a\sqrt{2}}{4e^h} & 0 & \dfrac{(3K''-K')a}{24e^h} & -\dfrac{K''a\sqrt{2}}{4e^h} & 0 & \dfrac{(3K''+K')a}{24e^h} \end{pmatrix} \quad (5.24)$$

Matrice de masse :

Dans cette section, une expression de l'énergie cinétique d'une brique considérée comme un corps rigide est définie et utilisée pour développer une forme générale d'une matrice de masse. L'énergie cinétique d'un corps rigide s'écrit :

$$\mathbf{E}^c = \frac{1}{2} \int_V \rho \, \dot{\mathbf{r}}^T . \dot{\mathbf{r}} . dV \quad (5.25)$$

Où ρ et V représentent respectivement la densité du corps et son volume et $\mathbf{r}$ est le vecteur position global d'un point arbitraire du corps rigide.

Le vecteur $\mathbf{r}$ est exprimé en fonction des coordonnées du point de référence $\mathbf{R}$ et de l'angle de rotation du corps θ :

$$\mathbf{r} = \mathbf{R} + \mathbf{A}\mathbf{u} \quad (5.26)$$

Où $\mathbf{A}$ est la matrice de transformation plane et $\mathbf{u}$ est le vecteur position d'un point arbitraire du corps.

En dérivant l'équation (5.26) par rapport au temps on obtient :

$$\dot{\mathbf{r}} = \dot{\mathbf{R}} + \mathbf{A}_\theta \mathbf{u} \dot{\theta} \quad (5.27)$$

Cette équation s'écrit sous une forme matricielle de la façon suivante :

$$\dot{\mathbf{r}} = [\mathbf{I} \; \mathbf{A}_\theta \mathbf{u}] \begin{bmatrix} \dot{\mathbf{R}} \\ \dot{\theta} \end{bmatrix} \quad (5.28)$$

5.2 Modèle discret

Où **I** est une matrice d'identité 2×2 et A est la matrice de transformation plane qui s'écrit :

$$\mathbf{A} = \begin{bmatrix} cos\theta & sin\theta \\ -sin\theta & cos\theta \end{bmatrix}$$

En introduisant l'équation (5.28) dans (5.25), on obtient :

$$\mathbf{E}^c = \frac{1}{2} \int_V \rho \begin{bmatrix} \dot{\mathbf{R}}^T & \dot{\theta} \end{bmatrix} \begin{bmatrix} \mathbf{I} \\ \mathbf{u}^T \mathbf{A}_\theta^T \end{bmatrix} [\mathbf{I} \ \mathbf{A}_\theta \mathbf{u}] \begin{bmatrix} \dot{\mathbf{R}} \\ \dot{\theta} \end{bmatrix} dV \qquad (5.29)$$

En développant l'équation (5.29) et sachant que $\mathbf{A}_\theta^T \mathbf{A}_\theta = \mathbf{I}$, on obtient :

$$\mathbf{E}^c = \frac{1}{2} \begin{bmatrix} \dot{\mathbf{R}}^T & \dot{\theta} \end{bmatrix} \left\{ \int_V \rho \begin{bmatrix} \mathbf{I} & \mathbf{A}_\theta \mathbf{u} \\ \mathbf{u}^T \mathbf{A}_\theta^T & \mathbf{u}^T \mathbf{u} \end{bmatrix} dV \right\} \begin{bmatrix} \dot{\mathbf{R}} \\ \dot{\theta} \end{bmatrix} \qquad (5.30)$$

Cette énergie s'écrit :

$$\mathbf{E}^c = \frac{1}{2} \dot{\mathbf{q}}^T \mathbf{M} \dot{\mathbf{q}} \qquad (5.31)$$

Où $\dot{\mathbf{q}}$ et $\mathbf{M}$ sont respectivement, le vecteur de coordonnées et la matrice de masse donnés par :

$$\mathbf{q} = \begin{bmatrix} \mathbf{R}^T & \theta \end{bmatrix}^T \qquad (5.32)$$

$$\mathbf{M} = \begin{bmatrix} \mathbf{m}_{RR} & \mathbf{m}_{R\theta} \\ \mathbf{m}_{\theta R} & m_{\theta\theta} \end{bmatrix} \qquad (5.33)$$

Avec

$$\mathbf{m}_{RR} = \int_V \rho \mathbf{I} dV = m\mathbf{I} \qquad (5.34)$$

$$\mathbf{m}_{R\theta} = \mathbf{A}_\theta \int_V \rho \mathbf{u} dV = \mathbf{m}_{\theta R}^T \qquad (5.35)$$

$$m_{\theta\theta} = \int_V \rho \mathbf{u}^T \mathbf{u} dV \qquad (5.36)$$

m étant la masse totale du corps rigide.

Notons que $m_{\theta\theta}$ est un scalaire qui définit le moment d'inertie du corps suivant un axe passant par le point de référence du corps. Les matrices $\mathbf{m}_{R\theta}$ et $\mathbf{m}_{\theta R}^T$ représentent l'inertie couplant la translation et la rotation du corps rigide.

Le calcul de la matrice de masse se fait dans le cas où le point de référence est le centre de masse de la brique. La brique a comme section $a \times a$ et comme épaisseur c. Dans ce cas :

$$\int_V \rho \mathbf{u} dV = \int_{-\frac{a}{2}}^{\frac{a}{2}} \int_{-\frac{a}{2}}^{\frac{a}{2}} \rho c \begin{bmatrix} u \\ v \end{bmatrix} du\,dv = 0 \quad (5.37)$$

Ce qui nous ramène à dire que :

$$\mathbf{m}_{R\theta} = \mathbf{m}_{\theta R}^T = 0 \quad (5.38)$$

La matrice $\mathbf{m}_{RR}$ est :

$$\mathbf{m}_{RR} = \int_V \rho \mathbf{I} dV = \begin{bmatrix} m & 0 \\ 0 & m \end{bmatrix} \quad (5.39)$$

Le moment d'inertie $m_{\theta\theta}$ est donné par :

$$m_{\theta\theta} = \int_V \rho \mathbf{u}^T \mathbf{u} dV = \int_{-\frac{a}{2}}^{\frac{a}{2}} \int_{-\frac{a}{2}}^{\frac{a}{2}} \rho c \left(u^2 + v^2 \right) du\,dv = \frac{ma^2}{6} \quad (5.40)$$

En gardant le même changement de variable $\omega^* = a\omega\sqrt{2}$, la matrice de masse d'une brique complète s'écrit sous la forme suivante :

$$M = \begin{bmatrix} m & 0 & 0 \\ 0 & m & 0 \\ 0 & 0 & \dfrac{m}{12} \end{bmatrix} \quad (5.41)$$

5.2.3 Principe fondamental de la dynamique

La description géométrique du mur de maçonnerie est présentée dans la figure ci-dessous (Fig.5.5). Chaque brique est affectée d'un numéro pour faciliter l'implémentation numérique du calcul dans le code MATLAB. En appliquant le principe fondamental de la dynamique et en tenant compte des calculs précédents donnant les différentes formes des forces de traction entre deux briques voisines ainsi que le moment exercé par l'une sur l'autre, on aboutit à une forme classique de l'équation du comportement dynamique. En désignant par $\mathbb{U}$ le vecteur composé des déplacements et des rotations des briques $B^{i,j}$, $\mathbb{M}$ la matrice de masse, $\mathbb{K}$ la matrice de rigidité et $\mathbb{F}$ le vecteur des forces et des moments extérieurs appliqués aux briques, l'équation du comportement dynamique s'écrit ainsi :

$$\mathbb{M}\frac{\partial^2 \mathbb{U}}{\partial t^2} + \mathbb{K}\mathbb{U} = \mathbb{F} \quad (5.42)$$

Où $\mathbb{U} =^t [u_1\, v_1\, \omega_1^* \ldots\ldots u_N\, v_N\, \omega_N^*]$ est le vecteur regroupant les degrés de liberté des n briques formant la maçonnerie. $\mathbb{F} =^t [f_1\, t_1\, m_1 \ldots\ldots f_N\, t_N\, m_N]$ est le vecteur de force agissant

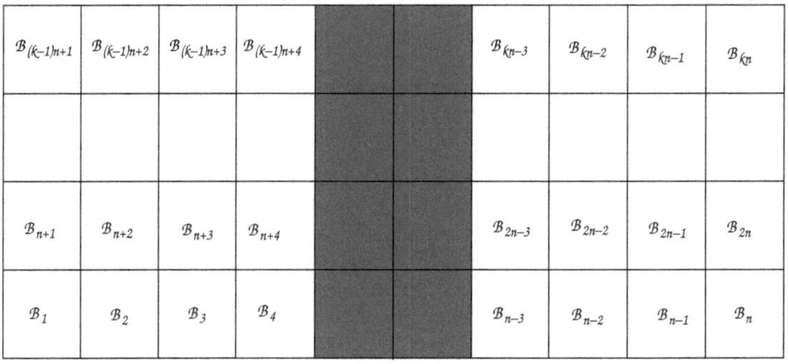

5.2 Modèle discret

$\mathcal{B}_{(k-1)n+1}$	$\mathcal{B}_{(k-1)n+2}$	$\mathcal{B}_{(k-1)n+3}$	$\mathcal{B}_{(k-1)n+4}$			$\mathcal{B}_{kn-3}$	$\mathcal{B}_{kn-2}$	$\mathcal{B}_{kn-1}$	$\mathcal{B}_{kn}$
$\mathcal{B}_{n+1}$	$\mathcal{B}_{n+2}$	$\mathcal{B}_{n+3}$	$\mathcal{B}_{n+4}$			$\mathcal{B}_{2n-3}$	$\mathcal{B}_{2n-2}$	$\mathcal{B}_{2n-1}$	$\mathcal{B}_{2n}$
$\mathcal{B}_1$	$\mathcal{B}_2$	$\mathcal{B}_3$	$\mathcal{B}_4$			$\mathcal{B}_{n-3}$	$\mathcal{B}_{n-2}$	$\mathcal{B}_{n-1}$	$\mathcal{B}_n$

FIG. 5.5. *Description géométrique globale d'un mur de maçonnerie*

sur les N briques (f_i est la composante suivant la direction $\mathbf{e}_1$, t_i est la composante suivant la direction $\mathbf{e}_2$ et m_i est le moment suivant la direction $\mathbf{e}_3$).

$\mathbb{K}$ et $\mathbb{M}$ représentent respectivement la matrice de rigidité et de masse globales de la maçonnerie assemblant ainsi toutes les matrices de rigidités des interfaces verticales et horizontales et les matrices de masse de toutes les briques.

Le calcul des matrices globales ($\mathbb{K}$ et $\mathbb{M}$) constitue la tâche la plus difficile de la résolution du problème discret dans le cas dynamique. $\mathbb{K}$ est une matrice de dimension $3kn \times 3kn$. $\mathbb{U}$ et $\mathbb{F}$ sont deux vecteurs de dimensions $3kn \times 1$ avec k et n le nombre de briques suivant les directions $\mathbf{e}_1$ et $\mathbf{e}_2$.

Il est important de noter que les termes de ($\mathbb{K} \cdot \mathbb{U}$) représentent l'assemblage des vecteurs forces internes entre les différentes briques. Les forces internes à l'interface de deux briques voisines représentées par une composante suivant $\mathbf{Y}_1$, une composante suivant $\mathbf{Y}_2$ et un moment suivant $\mathbf{Y}_3$ peuvent être explicités en fonction des paramètres du problème.

Les forces de traction qui varient linéairement suivant $\mathbf{Y}_1$ et $\mathbf{Y}_2$ sont exprimées en fonction de la force résultante $\mathbf{f}^{i,j}_{k_1,k_2}$ et du couple résultant $\mathbf{c}^{i,j}_{k_1,k_2}$ au point $\mathbf{x}^{i,j}_{k_1,k_2}$ centre de l'interface $S^{i,j}_{k_1,k_2}$:

$$\mathbf{t}^{i,j}_{k_1,k_2}(\mathbf{y},t) = \frac{1}{s^{i,j}_{k_1,k_2}}\mathbf{f}^{i,j}_{k_1,k_2} + \frac{1}{I^{i,j}_{k_1,k_2}}\mathbf{c}^{i,j}_{k_1,k_2} \times (\mathbf{y} - \mathbf{x}^{i,j}_{k_1,k_2}) \tag{5.43}$$

Où $s^{i,j}_{k_1,k_2}$ et $I^{i,j}_{k_1,k_2}$ désignent respectivement la surface et l'inertie de l'interface $S^{i,j}_{k_1,k_2}$ suivant l'axe $\mathbf{y}_3$.

Les expressions de la force résultante $\mathbf{f}^{i,j}_{k_1,k_2}$ et du couple $\mathbf{c}^{i,j}_{k_1,k_2}$ s'écrivent :

$$\mathbf{f}^{i,j}_{k_1,k_2}(t) = \int_{S^{i,j}_{k_1,k_2}} \mathbf{t}^{i,j}_{k_1,k_2} dS \quad \text{et} \quad \mathbf{c}^{i,j}_{k_1,k_2}(t) = \int_{S^{i,j}_{k_1,k_2}} (\mathbf{y} - \mathbf{x}^{i,j}_{k_1,k_2}) \times \mathbf{t}^{i,j}_{k_1,k_2} dS \tag{5.44}$$

À partir des conditions d'équilibre établies dans l'équation (5.12), la symétrie des forces de tractions et des couples résultants se traduit sous la forme de conditions de consistence s'écrivant de la façon suivante :

$$\mathbf{f}^{i,j}_{k_1,k_2}(t) + \mathbf{f}^{i+k_1,j+k_2}_{-k_1,-k_2}(t) = 0 \quad \text{et} \quad \mathbf{c}^{i,j}_{k_1,k_2}(t) + \mathbf{c}^{i+k_1,j+k_2}_{-k_1,-k_2}(t) = 0 \qquad (5.45)$$

Rappelons la matrice de rigidité du mortier liant deux briques : $\mathbf{K}^{i,j}_{k_1,k_2} = \begin{bmatrix} \dfrac{K''}{e} & 0 \\ 0 & \dfrac{K'}{e} \end{bmatrix}$.

Où e est l'épaisseur réelle du joint entre deux briques, $K' = \lambda^M + 2\mu^M$ et $K'' = \mu^M$ avec λ^M et μ^M les coefficients de Lamé intrinsèques au mortier.

Les termes du déplacement relatif entre deux interfaces voisines (5.10) et de la force de traction (5.11) seront intégrés dans le calcul des efforts de tractions et du couple résultant (5.44) au centre d'une interface. Par intégration numérique de ces deux quantités formulées dans l'équation (5.44), on obtient :

$$\mathbf{f}^{i,j}_{k_1,k_2}(t) = s^{i,j}_{k_1,k_2} \mathbf{K}^{i,j}_{k_1,k_2}.\overline{\mathbf{d}}^{i,j}_{k_1,k_2} \quad \text{et} \quad \mathbf{c}^{i,j}_{k_1,k_2}(t) = \frac{K'}{e} I^{i,j}_{k_1,k_2} \delta^{i,j}_{k_1,k_2} \qquad (5.46)$$

Où $\mathbf{d}^{i,j}_{k_1,k_2}(\mathbf{y},t) = \overline{\mathbf{d}}^{i,j}_{k_1,k_2} + \delta^{i,j}_{k_1,k_2} \wedge (\mathbf{y} - \mathbf{x}^{i,j}_{k_1,k_2})$

$\overline{\mathbf{d}}^{i,j}_{k_1,k_2}$ est le déplacement relatif au point $\mathbf{y} = \mathbf{x}^{i,j}_{k_1,k_2}$ tel que : $\overline{\mathbf{d}}^{i,j}_{k_1,k_2} = \mathbf{d}^{i,j}_{k_1,k_2}(\mathbf{x}^{i,j}_{k_1,k_2})$.

$\delta^{i,j}_{k_1,k_2}$ est la rotation relative entre deux briques voisines. Elle s'écrit :

$$\delta^{i,j}_{k_1,k_2} = \omega^{i+k_1,j+k_2} - \omega^{i,j} \qquad (5.47)$$

- Pour une *interface horizontale* ($k_1 = 0, k_2 = \pm 1$) :

L'inertie $I^{i,j}_{k_1,k_2}$ s'écrit : $I^{i,j}_{k_1,k_2} = \dfrac{a^3 c}{12}$.

La section $s^{i,j}_{k_1,k_2}$ de l'interface s'écrit : $s^{i,j}_{k_1,k_2} = ac$

Le déplacement relatif entre deux briques s'écrit :

$$\overline{\mathbf{d}}^{i,j}_{k_1,k_2} = \mathbf{u}^{i+k_1,j+k_2} - \mathbf{u}^{i,j} + \omega^{i+k_1,j+k_2} \wedge (\mathbf{x}^{i,j}_{k_1,k_2} - \mathbf{y}^{i+k_1,j+k_2}) - \omega^{i,j} \wedge (\mathbf{x}^{i,j}_{k_1,k_2} - \mathbf{y}^{i,j}) \qquad (5.48)$$

Où

$$\begin{aligned}
\mathbf{u}^{i+k_1,j+k_2} - \mathbf{u}^{i,j} &= (u_1^{i+k_1,j+k_2} - u_1^{i,j})\mathbf{e_1} + (u_2^{i+k_1,j+k_2} - u_2^{i,j})\mathbf{e_2} \\
\mathbf{x}^{i,j}_{k_1,k_2} &= \frac{1}{2}((2i+k_1)a\mathbf{e_1} + (2j+k_2)a\mathbf{e_2}) \\
\mathbf{y}^{i,j} &= ia\mathbf{e_1} + ja\mathbf{e_2}
\end{aligned} \qquad (5.49)$$

Finalement en remplaçant ces égalités dans l'équation du déplacement relatif, ce dernier s'écrit :

$$\overline{\mathbf{d}}^{i,j}_{k_1,k_2} = \overline{d}^{i,j}_{k_1,k_2(1)} \mathbf{e_1} + \overline{d}^{i,j}_{k_1,k_2(2)} \mathbf{e_2} \qquad (5.50)$$

5.2 Modèle discret

Où

$$\begin{aligned}\overline{d}^{i,j}_{k_1,k_2(1)} &= u_1^{i+k_1,j+k_2} - u_1^{i,j} + k_2 \, a \frac{\omega_3^{i+k_1,j+k_2} + \omega_3^{i,j}}{2} \\ \overline{d}^{i,j}_{k_1,k_2(2)} &= u_2^{i+k_1,j+k_2} - u_2^{i,j}\end{aligned} \qquad (5.51)$$

Par identification du déplacement relatif ($\overline{\mathbf{d}}^{i,j}_{k_1,k_2}$) et de la matrice de rigidité du mortier dans l'équation (5.46), les composantes du vecteur force de traction $\mathbf{f}^{i,j}_{k_1,k_2} = f^{i,j}_{k_1,k_2(1)} \mathbf{e_1} + f^{i,j}_{k_1,k_2(2)} \mathbf{e_2}$ et du couple $\mathbf{c}^{i,j}_{k_1,k_2} = c^{i,j}_{k_1,k_2} \mathbf{e_3}$ s'écrivent :

$$\begin{aligned} f^{i,j}_{k_1,k_2(1)} &= \frac{K''}{e^h} s^{i,j}_{k_1,k_2} \overline{d}^{i,j}_{k_1,k_2(1)} \\ f^{i,j}_{k_1,k_2(2)} &= \frac{K'}{e^h} s^{i,j}_{k_1,k_2} \overline{d}^{i,j}_{k_1,k_2(2)} \\ c^{i,j}_{k_1,k_2} &= \frac{K'}{e^h} I^{i,j}_{k_1,k_2} \delta^{i,j}_{k_1,k_2} \end{aligned} \qquad (5.52)$$

- Pour une *interface verticale* ($k_1 = \pm 1, k_2 = 0$) :

L'inertie s'écrit : $I^{i,j}_{k_1,k_2} = \dfrac{a^3 \, c}{12}$.

La section se formule : $s^{i,j}_{k_1,k_2} = a\,c$.

De la même manière que celle utilisée dans le cas des interfaces horizontales, les composantes du déplacement relatif s'écrivent :

$$\begin{aligned}\overline{d}^{i,j}_{k_1,k_2(1)} &= u_1^{i+k_1,j+k_2} - u_1^{i,j} \\ \overline{d}^{i,j}_{k_1,k_2(2)} &= u_2^{i+k_1,j+k_2} - u_2^{i,j} - k_1 \, a \frac{\omega_3^{i+k_1,j+k_2} + \omega_3^{i,j}}{2}\end{aligned} \qquad (5.53)$$

Les composantes du vecteur force et du moment sont :

$$\begin{aligned} f^{i,j}_{k_1,k_2(1)} &= \frac{K'}{e^v} a\,c \left(u_1^{i+k_1,j+k_2} - u_1^{i,j} \right) \\ f^{i,j}_{k_1,k_2(2)} &= \frac{K''}{e^v} a\,c \left(u_2^{i+k_1,j+k_2} - u_2^{i,j} - k_1 \, a \frac{\omega_3^{i+k_1,j+k_2} + \omega_3^{i,j}}{2} \right) \\ c^{i,j}_{k_1,k_2} &= \frac{K'}{e^v} I^{i,j}_{k_1,k_2} \delta^{i,j}_{k_1,k_2} \end{aligned} \qquad (5.54)$$

Finalement l'énergie de déformation de l'interface d'une brique (horizontale ou verticale) se formule ainsi :

$$\begin{aligned}\mathcal{W}^{i,j}_{k_1,k_2} &= \frac{1}{2} \left(\mathbf{f}^{i,j}_{k_1,k_2} \overline{\mathbf{d}}^{i,j}_{k_1,k_2} + \mathbf{c}^{i,j}_{k_1,k_2} \delta^{i,j}_{k_1,k_2} \right) \\ &= \frac{1}{2} \overline{\mathbf{d}}^{i,j}_{k_1,k_2} \cdot \left(s^{i,j}_{k_1,k_2} \mathbf{K}^{i,j}_{k_1,k_2} \overline{\mathbf{d}}^{i,j}_{k_1,k_2} \right) + \frac{K'}{2e} I^{i,j}_{k_1,k_2} \left(\delta^{i,j}_{k_1,k_2} \right)^2\end{aligned} \qquad (5.55)$$

5.3 Modèle homogénéisé

Dans ce modèle d'homogénéisation le mur de maçonnerie est considéré infini. Étant périodique, chaque brique est considérée chargée de la même manière que ses voisines. Pour cela l'étude d'homogénéisation va porter sur une cellule de base avec un nombre fini de degrés de libertés. Ce calcul a pour but de déterminer les caractéristiques de ce milieu orthotrope dont la matrice de rigidité élastique fait partie. Cette méthode a été déjà étudiée dans le problème d'un réseau périodique (Cecchi et Sab, [8], Pradel et Sab, [46, 45], Buhan et al., [13] et Florence et Sab, [20]).

5.3.1 Discrétisation du domaine ; matrices de rigidité et de masse

Considérons un domaine rectangulaire qui représente le mur de maçonnerie à modéliser. Ce domaine est discrétisé à l'aide d'éléments finis rectangulaires. L'équation d'équilibre du comportement élastique linéaire en dynamique s'écrit :

$$\nabla \underline{\underline{\sigma}} + \mathbf{b} = \rho\,\gamma \quad \text{dans} \quad \Omega \tag{5.56}$$

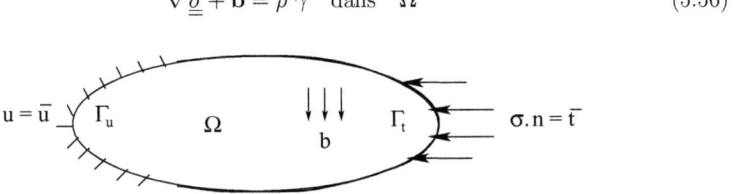

FIG. 5.6. *Problème élastique linéaire (Hypothèse des petites perturbations)*

Où $\Omega \in \Re^2$ est le domaine matériel, $\nabla.$ est l'opérateur divergence, $\underline{\underline{\sigma}}$ est le tenseur des contraintes de Cauchy et $\mathbf{b}$ est un terme de force volumique. La relation de comportement est donnée par :

$$\underline{\underline{\sigma}} = \underline{\underline{\underline{\mathbb{C}}}} : \underline{\underline{\epsilon}} \tag{5.57}$$

Où $\underline{\underline{\epsilon}}$ est le tenseur des déformations linéarisées (partie symétrique), respectivement. Ceux-ci sont écrits suivant les notations conventionnelles :

$$\sigma = \begin{bmatrix} \sigma_{11} \\ \sigma_{22} \\ \sigma_{12} \end{bmatrix} \;;\; \epsilon = \begin{bmatrix} \epsilon_{11} \\ \epsilon_{22} \\ 2\,\epsilon_{12} \end{bmatrix} \;;\; \sigma = \mathbf{C}\epsilon \tag{5.58}$$

Où $\mathbb{C}$ est le tenseur élastique sous sa forme matricielle. Les conditions aux limites essentielles et naturelles sont données par :

$$\begin{aligned} \mathbf{u} &= \overline{\mathbf{u}} \text{ sur } \Gamma_u \\ \sigma.\mathbf{n} &= \overline{\mathbf{t}} \text{ sur } \Gamma_t \end{aligned} \tag{5.59}$$

5.3 Modèle homogénéisé

Où $\Gamma = \Gamma_u \cup \Gamma_t$ est le bord du domaine Ω, $\mathbf{n}$ est la normale unitaire sortante à Γ, $\overline{\mathbf{u}}$ et $\overline{\mathbf{t}}$ sont les déplacements et efforts imposés.

La formulation variationnelle (principe des travaux virtuels) associée au problème élastodynamique est donnée par :

Trouver $\mathbf{u} \in H^1(\Omega)$ cinématiquement admissible ($\mathbf{u} = \overline{\mathbf{u}}$ sur Γ_u) tel que

$$\int_\Omega \sigma : \epsilon^* d\Omega + \int_\Omega \mathbf{v}^* . \rho\, \gamma d\Omega = \int_\Omega \mathbf{v}^* . \mathbf{b} d\Omega + \int_{\Gamma_t} \mathbf{v}^* . \overline{\mathbf{t}} d\Gamma \ , \ \forall\ \mathbf{v}^* \in H_0^1(\Omega) \tag{5.60}$$

Où $H_0^1(\Omega)$ et $H^1(\Omega)$ sont les espaces fonctionnels de Sobolev usuels.

En substituant la fonction test dans l'équation précédente et en utilisant le fait que le champ $\mathbf{v}^*$ est arbitraire, on obtient le système d'équations linéaires après intégration numérique :

$$\mathbb{M}\ddot{\mathbf{U}} + \mathbb{K}\mathbf{U} = \mathbf{f}^{\text{ext}} \tag{5.61}$$

Où $\mathbf{U}$ est le vecteur global des déplacements nodaux (u, v) (Fig.5.7). $\mathbb{K}$ et $\mathbb{M}$ sont respectivement les matrices de rigidité et de masse globaux et $\mathbf{f}^{\text{ext}}$ est le vecteur de force global. Ces matrices représentent la somme des matrices élémentaires données par :

$$\mathbb{K}^e = \int_\Omega {}^t\mathbb{B}^e\, \mathbb{C}\, \mathbb{B}^e d\Omega \tag{5.62}$$

$$\mathbb{M}^e = \int_\Omega \rho\, {}^t\mathbb{N}^e\, \mathbb{N}^e d\Omega \tag{5.63}$$

$$\mathbf{f}^{\text{ext}} = \int_{\Gamma_t} {}^t\mathbb{N}^e \overline{\mathbf{t}} d\Gamma + \int_\Omega {}^t\mathbb{N}^e \mathbf{b} d\Omega \tag{5.64}$$

$\mathbb{N}^e$ est la matrice élémentaire contenant les fonctions de forme d'un élément fini dans la base physique (x, y) :

$$\mathbb{N}^e = \begin{pmatrix} \phi_1 & 0 & \phi_2 & 0 & \phi_3 & 0 & \phi_4 & 0 \\ 0 & \phi_1 & 0 & \phi_2 & 0 & \phi_3 & 0 & \phi_4 \end{pmatrix} \tag{5.65}$$

$\mathbb{B}^e$ est la matrice élémentaire dérivée des fonctions de forme :

$$\mathbb{B}^e = \begin{pmatrix} \phi_{1,x} & 0 & \phi_{2,x} & 0 & \phi_{3,x} & 0 & \phi_{4,x} & 0 \\ 0 & \phi_{1,y} & 0 & \phi_{2,y} & 0 & \phi_{3,y} & 0 & \phi_{4,y} \\ \phi_{1,y} & \phi_{1,x} & \phi_{2,y} & \phi_{2,x} & \phi_{3,y} & \phi_{3,x} & \phi_{4,y} & \phi_{4,x} \end{pmatrix} \tag{5.66}$$

En plaçant l'origine des coordonnées au centre de l'élément rectangulaire de dimensions $a \times b$, on définit les coordonnées de référence, $\xi = \dfrac{2x}{a}$ et $\eta = \dfrac{2y}{b}$ qui valent ± 1 sur les frontières du rectangle.

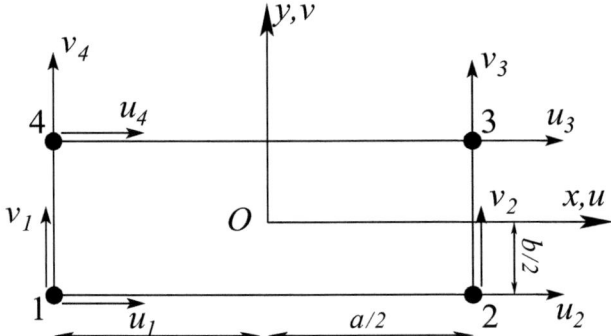

FIG. 5.7. Elément fini quadratique ayant deux degrés de liberté par noeud

Les matrices des fonctions de forme et ses dérivées s'écrivent dans la base (ξ, η) en effectuant un passage de la base (x,y) à l'aide de la matrice Jacobienne $\mathbf{J}$:

$$\begin{bmatrix} \dfrac{\partial \phi_i}{\partial \xi} \\ \dfrac{\partial \phi_i}{\partial \eta} \end{bmatrix} = \mathbf{J} \cdot \begin{bmatrix} \dfrac{\partial \phi_i}{\partial x} \\ \dfrac{\partial \phi_i}{\partial y} \end{bmatrix} \tag{5.67}$$

La matrice Jacobienne $\mathbf{J}$ s'écrit :

$$\mathbf{J} = \begin{pmatrix} \dfrac{\partial x}{\partial \xi} & \dfrac{\partial y}{\partial \xi} \\ \dfrac{\partial x}{\partial \eta} & \dfrac{\partial y}{\partial \eta} \end{pmatrix} \tag{5.68}$$

Les matrices de rigidité et de masse élémentaire et le vecteur force élémentaire se réécrivent dans la base de référence comme suit :

$$\mathbb{K}_{\text{ref}}^e = \int_{\Omega_{\text{ref}}} {}^t\mathbb{B}_{\text{ref}}^e \, \mathbb{C} \, \mathbb{B}_{\text{ref}}^e \mid \mathbf{J} \mid d\Omega_{\text{ref}} \tag{5.69}$$

$$\mathbb{M}_{\text{ref}}^e = \int_{\Omega_{\text{ref}}} \rho \, {}^t\mathbb{N}_{\text{ref}}^e \, \mathbb{N}_{\text{ref}}^e \mid \mathbf{J} \mid d\Omega_{\text{ref}} \tag{5.70}$$

$$\mathbf{f}^{\text{ext}} = \int_{\Gamma_t} {}^t\mathbb{N}^e \bar{\mathbf{t}} \mid \mathbf{J}_\xi \mid d\xi + \int_{\Omega_{\text{ref}}} {}^t\mathbb{N}^e \mathbf{b} \mid \mathbf{J} \mid d\Omega_{\text{ref}} \tag{5.71}$$

$\mathbb{B}_{\text{ref}}^e$ est la matrice élémentaire dérivée des fonctions de forme calculée dans la base de référence (ξ, η). Cette matrice garde la même forme que $\mathbb{B}^e$, en remplaçant par exemple

5.3 Modèle homogénéisé

le terme $(\phi_{1,x})$ par son équivalent $(\phi_{1,\xi})$ calculé à l'aide de l'égalité (5.67) qui se réécrit comme suit :

$$\begin{bmatrix} \frac{\partial \phi_i}{\partial x} \\ \frac{\partial \phi_i}{\partial y} \end{bmatrix} = \mathbf{J}^{-1} \cdot \begin{bmatrix} \frac{\partial \phi_i}{\partial \xi} \\ \frac{\partial \phi_i}{\partial \eta} \end{bmatrix} \qquad (5.72)$$

$\mathbb{C}$ est la matrice de comportement élastique du milieu anisotrope qu'on développera plus tard dans la partie sur l'homogénéisation du modèle.

$\mid \mathbf{J} \mid$ est le déterminant de la matrice jacobienne qui lie les coordonnées de la base physique (x, y) à celles de la base de référence (ξ, η). Il est égal au rapport de deux éléments de surface correspondant $d\Omega_{xy}$ dans (x, y) et $d\Omega_{\xi\eta}$ dans (ξ, η) ; $\mid \mathbf{J} \mid = \dfrac{d\Omega_{xy}}{d\Omega_{\xi\eta}}$.

$\mathbf{J}_\xi$ est tel que :

$$d\Gamma_t = \mid \mathbf{J}_\xi \mid d\xi = \sqrt{\left(\frac{\partial x}{\partial \xi}\right)^2 + \left(\frac{\partial y}{\partial \xi}\right)^2}\, d\xi \qquad (5.73)$$

Les fonctions de forme de l'élément quadratique dans la base physique (x, y) s'écrivent :

$$\phi_1(x, y) = \frac{1}{4}\left(1 - \frac{2x}{a}\right)\left(1 - \frac{2y}{b}\right) \qquad (5.74)$$

$$\phi_2(x, y) = \frac{1}{4}\left(1 + \frac{2x}{a}\right)\left(1 - \frac{2y}{b}\right) \qquad (5.75)$$

$$\phi_3(x, y) = \frac{1}{4}\left(1 + \frac{2x}{a}\right)\left(1 + \frac{2y}{b}\right) \qquad (5.76)$$

$$\phi_4(x, y) = \frac{1}{4}\left(1 - \frac{2x}{a}\right)\left(1 + \frac{2y}{b}\right) \qquad (5.77)$$

Dans la base de référence (ξ, η) où $(\xi = \dfrac{2x}{a}, \eta = \dfrac{2y}{b})$, les fonctions de forme se réécrivent différemment. Elles sont formulées comme suit :

$$\phi_1(\xi, \eta) = \frac{1}{4}(1 - \xi)(1 - \eta) \qquad (5.78)$$

$$\phi_2(\xi, \eta) = \frac{1}{4}(1 + \xi)(1 - \eta) \qquad (5.79)$$

$$\phi_3(\xi, \eta) = \frac{1}{4}(1 + \xi)(1 + \eta) \qquad (5.80)$$

$$\phi_4(\xi, \eta) = \frac{1}{4}(1 - \xi)(1 + \eta) \qquad (5.81)$$

5.3.1.1 Schéma d'intégration numérique

Nous présentons ci-dessous le schéma de l'intégration numérique proposée pour résoudre le système d'équations linéaires à N variables (5.61). Cet algorithme va être implémenté dans un code MATLAB. M^{Glob} et K^{Glob} sont respectivement les matrices de masse et de rigidité globale de la géométrie de maçonnerie et F^{Glob} est la force globale agissant sur les noeuds des éléments finis.

Algorithme : Schéma numérique du calcul d'une structure élastodynamique en éléments finis implémenté dans MATLAB

1. Création du maillage et définition des constantes :
   (a) Création des noeuds
   (b) Matrice de connectivité entre les différents noeuds.
   (c) Maillage rectangulaire avec des éléments à quatre noeuds.
   (d) Définition des constantes mécaniques du modèle
2. Calcul de la matrice de rigidité et du vecteur forces élémentaires :
   (a) Calcul des fonctions de forme et de leurs dérivées sur les éléments de référence ; aux points d'intégrations x_m
   (b) Calcul de la matrice de rigidité élémentaire $[K^e]$
   (c) Calcul de la matrice de masse élémentaire $[M^e]$
   (d) Calcul du vecteur force élémentaire F^e
3. Résolution du système linéaire global :
   (a) Assemblage de la matrice de rigidité élastique $[K^{\text{Glob}}]$
   (b) Assemblage de la matrice de masse $[M^{\text{Glob}}]$
   (c) Assemblage du vecteur force F^{Glob}
   (d) Imposer les conditions aux limites
   (e) Résolution de $[M^{\text{Glob}}] \times [\ddot{U}] + [K^{\text{Glob}}] \times [U] = [F^{\text{Glob}}]$

5.3.2 Tenseur de rigidité homogénéisé

L'objectif de cette section est de calculer les différentes composantes du tenseur de rigidité homogénéisé à l'aide des conditionnements cinématique et statique.

Considérons le tenseur de déformation macroscopique plane ($\mathbb{E}$) qui s'écrit :

$$\mathbf{E} = \begin{pmatrix} E_{11} & E_{12} \\ E_{12} & E_{22} \end{pmatrix} \tag{5.82}$$

Le déplacement, ainsi que la rotation d'une brique d'une maçonnerie de taille infinie sont : $(\mathbf{U}, \mathbf{\Omega}) = \{\mathbf{u}^{i,j}, \omega^{i,j}, (i,j) \in \mathcal{I}\}$.

Le champ de vitesse cinématiquement admissible dans le mode de chargement s'écrit :

5.3 Modèle homogénéisé

$$\mathcal{KC}(\mathbf{E}) = \{(\mathbf{U}, \mathbf{\Omega}), \mathbf{u}^{i,j} = \mathbf{E}\mathbf{y}^{i,j} \text{ et } \omega^{i,j} = \mathbf{\Omega}\} \tag{5.83}$$

Pour tout $(\mathbf{U}, \mathbf{\Omega}) \in \mathcal{KC}(\mathbf{E})$, les équations (5.4, 5.47) sont utilisées pour calculer le déplacement relatif entre deux briques ainsi que la rotation $(\overline{\mathbf{d}}_{k_1,k_2}^{i,j}, \delta_{k_1,k_2}^{i,j})$ à l'interface $S_{k_1,k_2}^{i,j}$ et évidemment l'énergie de déformation correspondante $\mathcal{W}_{k_1,k_2}^{i,j}$.

Quand la taille du domaine tend vers l'infini, l'énergie totale normalisée d'un domaine très large contenant un grand nombre d'interfaces tend vers la forme suivante :

$$\mathcal{E} = \frac{1}{2V} \sum_{(k_1,k_2)\in\mathcal{K}} \mathcal{W}_{k_1,k_2} \tag{5.84}$$

Où $V = a^2 c$ est le volume moyen d'une brique et le facteur 2 vient du fait que chaque interface est commune à deux briques.

Finalement, pour déterminer le tenseur de raideur élastique homogénéisée d'ordre 4, $\mathbf{A}^{\text{hom}}$, il faut résoudre le problème de minimisation de l'énergie totale $\mathcal{E}$, tel que :

$$\frac{1}{2}\mathbf{E} : \left(\mathbf{A}^{\text{hom}} : \mathbf{E}\right) = \min_{(\mathbf{U},\mathbf{\Omega})\in\mathcal{KC}(\mathbf{E})} \mathcal{E} \tag{5.85}$$

Où la minimisation se fait sur tout le domaine cinématiquement admissible.

Considérons le tenseur de contrainte macroscopique dans le plan $(\mathbf{\Sigma})$ qui s'écrit :

$$\mathbf{\Sigma} = \begin{pmatrix} \Sigma_{11} & \Sigma_{12} \\ \Sigma_{12} & \Sigma_{22} \end{pmatrix} \tag{5.86}$$

Les forces d'interaction et les couples entre deux briques s'écrivent comme étant :

$$(\mathbf{F}, \mathbf{C}) = \left\{ \left(\mathbf{f}_{k_1,k_2}^{i,j}, \mathbf{c}_{k_1,k_2}^{i,j}\right), \ (i,j) \in \mathcal{I} \text{ et } (k_1,k_2) \in \mathcal{K} \right\} \tag{5.87}$$

La détermination du tenseur de souplesse (inverse du tenseur d'élasticité) $\mathbf{S}^{\text{hom}} = (\mathbf{A}^{\text{hom}})^{-1}$, nécessite la résolution du problème de minimisation de l'énergie de contrainte :

$$\frac{1}{2}\mathbf{\Sigma} : \left(\mathbf{S}^{\text{hom}} : \mathbf{\Sigma}\right) = \min_{(\mathbf{U},\mathbf{\Omega})\in\mathcal{SC}(\mathbf{\Sigma})} \mathcal{E}^* \tag{5.88}$$

Où $\mathcal{E}^*$ est l'énergie de contrainte normalisée de la brique $B^{i,j}$:

$$\mathcal{E}^* = \frac{1}{2V} \sum_{(k_1,k_2)\in\mathcal{K}} \mathcal{W}_{k_1,k_2}^* \tag{5.89}$$

$\mathcal{W}_{k_1,k_2}^*$ désigne l'énergie élastique de l'interface S_{k_1,k_2} donnée par l'équation (5.55).

La contrainte homogénéisée peut être formulée de la manière suivante :

$$\mathbf{\Sigma} = \frac{1}{2V} \sum_{(k_1,k_2) \in \mathcal{K}} \mathbf{f}_{k_1,k_2} \otimes^s \mathbf{y}^{k_1,k_2} \qquad (5.90)$$

Où $\otimes^s$ est la partie symétrique du produit tensoriel (dyadique) entre deux vecteurs. $\mathbf{y}^{k_1,k_2} = \mathbf{y}^{i+k_1,j+k_2} - \mathbf{y}^{i,j}$ est le centre de l'interface $S^{i,j}_{k_1,k_2}$ de la brique $B^{i,j}$.

Plusieurs composantes du tenseur de rigidité $\mathbf{A}^{\text{hom}}$ sont déterminées aisément : $\mathbf{A}^{\text{hom}}$ est orthotrope grâce à la symétrie de la structure suivant les axes y_1 et y_2. En utilisant la relation établie dans l'équation (5.85) et grâce à ces symétries, l'énergie de déformation reste invariante, ce qui donne :

$$\begin{aligned} \Sigma_{11} &= A^{\text{hom}}_{1111} E_{11} + A^{\text{hom}}_{1122} E_{22} \\ \Sigma_{22} &= A^{\text{hom}}_{1122} E_{11} + A^{\text{hom}}_{2222} E_{22} \\ \Sigma_{12} &= 2 A^{\text{hom}}_{1212} E_{12} \end{aligned} \qquad (5.91)$$

En considérant une déformation uniaxiale dans la direction de y_2 : $E_{22} \neq 0$ et $E_{11} = E_{12} = 0$, le champ de déplacement et la rotation correspondants s'écrivent :

$$\mathbf{u}^{i,j} = j a E_{22} \mathbf{e}_2 \quad \text{et} \quad \omega^{i,j} = 0 \qquad (5.92)$$

Le tenseur de contrainte correspondant dans ce cas s'écrit :

$$\mathbf{\Sigma} = K' \frac{a}{e^h} E_{22} \mathbf{e}_2 \otimes \mathbf{e}_2 \qquad (5.93)$$

Par conséquent, les contraintes dans les joints verticaux sont nulles ($\Sigma_{11} = 0$) et égales à $\left(\Sigma_{22} = K' \frac{a}{e^h} E_{22} \right)$ suivant la direction horizontale. Ainsi, en utilisant l'équation (5.91), on tire les deux premières composantes du tenseur de rigidité :

$$A^{\text{hom}}_{1122} = 0 \quad \text{et} \quad A^{\text{hom}}_{2222} = K' \frac{a}{e^h} \qquad (5.94)$$

Considérons le champ de déplacement d'une brique qui s'écrit sous la forme suivante : $\mathbf{u}^{i,j} = \mathbf{E} \mathbf{y}^{i,j}$, et la rotation $\omega^{i,j} = \Omega \mathbf{e}_3$ où Ω est une valeur constante de la rotation à déterminer. En remplaçant ces hypothèses dans l'équation du déplacement relatif d'une brique (5.10), le déplacement et la rotation relatifs deviennent :

$$\overline{\mathbf{d}}^{i,j}_{k_1,k_2} = (\mathbf{E} - \mathbf{\Omega}) \left(\mathbf{y}^{i+k_1,j+k_2} - \mathbf{y}^{i,j} \right) = \mathbf{D} . \left(\mathbf{y}^{i+k_1,j+k_2} - \mathbf{y}^{i,j} \right) \quad , \quad \delta^{i,j}_{k_1,k_2} = 0 \qquad (5.95)$$

Où $\mathbf{\Omega} = \begin{pmatrix} 0 & -\Omega \\ \Omega & 0 \end{pmatrix}$ et $\mathbf{D}$ est le nouveau tenseur de déformation qui s'écrit :

5.3 Modèle homogénéisé

$$\mathbf{D} = \begin{pmatrix} E_{11} & E_{12} + \Omega \\ E_{12} - \Omega & E_{22} \end{pmatrix} \text{ et } \left(\mathbf{y}^{i+k_1,j+k_2} - \mathbf{y}^{i,j}\right) = k_1 a \mathbf{e}_1 + k_2 a \mathbf{e}_2 \qquad (5.96)$$

- Dans le cas où $E_{11} \neq 0$ et $E_{12} = E_{22} = 0$, la symétrie de la structure impose une rotation nulle. De plus, l'énergie de déformation de chacune des interfaces horizontales ainsi que celle des interfaces verticales sont égales.

$$\mathcal{W}_{0,+1} = \mathcal{W}_{0,-1} \text{ et } \mathcal{W}_{+1,0} = \mathcal{W}_{-1,0} \qquad (5.97)$$

Par identification des équations (5.95 et 5.96) dans celle donnant la formule générale de l'énergie des interfaces d'une brique (5.55) et tenant compte de :

$$\mathbf{K}_{k_1,k_2}^{i,j} = \begin{bmatrix} \dfrac{K''}{e} & 0 \\ 0 & \dfrac{K'}{e} \end{bmatrix} \text{ et } s_{k_1,k_2}^{i,j} = ac \qquad (5.98)$$

et que

$$\mathcal{W}_{k_1,k_2}^{i,j} = \frac{1}{2}\overline{\mathbf{d}}_{k_1,k_2}^{i,j} \cdot \left(s_{k_1,k_2}^{i,j} \mathbf{K}_{k_1,k_2}^{i,j} \overline{\mathbf{d}}_{k_1,k_2}^{i,j}\right) + \frac{K'}{2e} I_{k_1,k_2}^{i,j} \left(\delta_{k_1,k_2}^{i,j}\right)^2 \qquad (5.99)$$

À titre d'exemple pour l'interface $(+1,0)$, le déplacement relatif s'écrit : $\overline{\mathbf{d}}_{+1,0}^{i,j} = aE_{11}$. Les énergies élastiques de déformation $\mathcal{W}_{0,+1}$ et $\mathcal{W}_{+1,0}$ deviennent :

$$\mathcal{W}_{+1,0} = \frac{K'}{2e^h} a^3 c E_{11}^2 \text{ et } \mathcal{W}_{0,+1} = 0 \qquad (5.100)$$

Ainsi en remplaçant les termes énergétiques dans l'équation (5.85), l'énergie totale des interfaces d'une brique $\mathcal{E}$ s'écrit sous la forme suivante :

$$\mathcal{E} = \frac{1}{2V} \sum_{(k_1,k_2) \in \mathcal{K}} \mathcal{W}_{k_1,k_2} = \frac{2\mathcal{W}_{+1,0} + 2\mathcal{W}_{0,+1}}{2a^2 c} = \frac{K'}{2e^h} a E_{11}^2 \qquad (5.101)$$

Par identification de la valeur de $\mathcal{E}$ dans l'équation (5.85) telle que : $\dfrac{1}{2} A_{1111}^{\text{hom}} (E_{11})^2 = \mathcal{E}$, on déduit la valeur de A_{1111}^{hom} telle que :

$$A_{1111}^{\text{hom}} = \frac{K'a}{e^h} \qquad (5.102)$$

- Dans le cas où $E_{12} \neq 0$ et $E_{11} = E_{22} = 0$, la rotation Ω est non nulle. Les relations de symétrie de la structure écrites dans l'équation (5.97) restent aussi valables.

En utilisant l'équation (5.55), les énergies élastiques de déformation $\mathcal{W}_{0,+1}$ et $\mathcal{W}_{+1,0}$ deviennent :

$$\mathcal{W}_{0,+1} = \frac{K''}{2e^h} a^3 c \left(E_{12} + \Omega\right)^2 \qquad (5.103)$$

$$\mathcal{W}_{+1,0} = \frac{K''}{2e^v} a^3 c \left(E_{12} - \Omega\right)^2 \qquad (5.104)$$

La somme des énergies de toutes les interfaces $\mathcal{E}$ (5.84) s'écrit :

$$\mathcal{E} = \frac{1}{2V} \sum_{(k_1,k_2)\in\mathcal{K}} \mathcal{W}_{k_1,k_2} = \frac{K''a\left(E_{12}+\Omega\right)^2 + K''a\left(E_{12}-\Omega\right)^2}{2e} \qquad (5.105)$$

En optimisant l'énergie totale $\mathcal{E}$ par rapport à la rotation imposée Ω, ($\dfrac{\partial \mathcal{E}}{\partial \Omega} = 0$) :

$$\frac{K''a\left(E_{12}+\Omega\right) - K''a\left(E_{12}-\Omega\right)}{e} = 0 \qquad (5.106)$$

La rotation Ω s'annule, ($\Omega = 0$).

Le dernier coefficient est calculé par introduction de Ω dans l'équation (5.106). Cette valeur vaut :

$$A_{1212}^{\text{hom}} = \frac{2K''a}{e} \qquad (5.107)$$

Le calcul des coefficients du tenseur de souplesse a été fait dans le cas d'un milieu orthotrope. En intégrant la forme du tenseur d'élasticité orthotrope et à l'aide de la loi de Hooke établie en (5.57) le tenseur de souplesse prend la forme suivante :

$$\begin{bmatrix} \epsilon_{xx} \\ \epsilon_{yy} \\ \epsilon_{xy} \end{bmatrix} = \begin{bmatrix} \dfrac{1}{E_x} & \dfrac{-\nu_{xy}}{E_x} & 0 \\ \dfrac{-\nu_{yx}}{E_y} & \dfrac{1}{E_y} & 0 \\ 0 & 0 & \dfrac{1}{G_{xy}} \end{bmatrix} \begin{bmatrix} \sigma_{xx} \\ \sigma_{yy} \\ 2\sigma_{xy} \end{bmatrix} \qquad (5.108)$$

Où E_x et E_y sont respectivement les modules d'Young suivant les axes x et y, G_{xy} est le module de cisaillement dans la direction x dans le plan de vecteur normal y et finalement ν_{xy} et ν_{yx} sont les coefficients de poisson.

Grâce aux conditions statique et cinématique imposées dans le calcul, le tenseur de rigidité élastique homogénéisé a été réduit à la forme suivante :

$$\mathbb{C} = \begin{bmatrix} A_{1111}^{\text{hom}} & 0 & 0 \\ 0 & A_{2222}^{\text{hom}} & 0 \\ 0 & 0 & A_{1212}^{\text{hom}} \end{bmatrix} \qquad (5.109)$$

Les valeurs des composantes du tenseur $\mathbb{C}$ ont été déterminées dans les équations (5.94, 5.102 et 5.107). En les remplaçant dans l'équation (5.109), on obtient :

$$\mathbb{C} = \begin{bmatrix} \dfrac{K'a}{e^h} & 0 & 0 \\ 0 & \dfrac{K'a}{e^h} & 0 \\ 0 & 0 & \dfrac{2K''a}{e^h} \end{bmatrix} \tag{5.110}$$

En conclusion, la matrice de rigidité homogénéisée sera utilisée dans le code de calcul des éléments finis implémenté pour résoudre le cas dynamique du modèle de maçonnerie.

5.4 Conclusion

Dans ce chapitre, une étude théorique d'un modèle de maçonnerie, portant sur un modèle discret et un autre homogénéisé, a été développée. Cette étude a porté sur le comportement dynamique dans le cas élastique linéaire. La prochaine étape sera la validation numérique de ce calcul théorique à l'aide des exemples de maçonnerie qu'on proposera ultérieurement. L'objectif étant l'application de l'approche couplant les deux modèles discret et homogénéisé, une comparaison entre la solution discrète à celle couplée est bien entendue envisagée afin de conclure sur son efficacité.

Chapitre 6

Simulations numériques

CE CHAPITRE *est dédié aux tests numériques sur des modèles de maçonnerie. Dans un premier temps, nous validons le code MATLAB à partir d'ABAQUS. Par la suite, plusieurs cas tests vont être étudiés, tels des cas homogènes. Une comparaison entre les solutions des deux modèles prouve que le milieu discret est homogénéisable dans ces cas. Ensuite dans le cas d'une fissure à l'intérieur de la maçonnerie, un modèle mixte est développé. Dans celui-ci, le modèle discret est utilisé dans les endroits des singularités tandis que le modèle continu est utilisé dans le reste de la structure.*

Sommaire

6.1	**Introduction**		**140**
6.2	**Simulations numériques**		**140**
	6.2.1	Paramètres mécaniques	140
	6.2.2	Validation du code MATLAB à l'aide d'ABAQUS	141
	6.2.3	Validation du modèle discret	144
	6.2.4	Comparaison entre les modèles continu et discret	145
		6.2.4.1 Test de cisaillement	145
		6.2.4.2 Test d'écrasement	148
6.3	**Modèle mixte ; discret/continu**		**150**
	6.3.1	Principe	151
	6.3.2	Passage continu/discret	151
	6.3.3	Critère de couplage	153
	6.3.4	Matrice de rigidité globale	154
	6.3.5	Algorithme de couplage	158
	6.3.6	Étude d'un mur fissuré	159
		6.3.6.1 Simulation discrète	159
		6.3.6.2 Simulation couplée	160
6.4	**Conclusions**		**162**

6.1 Introduction

La première étape dans ce travail consiste en l'implémentation du calcul théorique des modèles discret et homogénéisé dans un code MATLAB. Ensuite, dans l'objectif de valider cette implémentation, des simulations numériques portant sur différents cas tests, feront la première partie de ce chapitre. Les réponses des deux modèles sont comparées. Le modèle mixte, discret/continu, développé dans la deuxième partie de la thèse (modèle de poutre) va être appliqué dans certains cas tests. Les simulations numériques mettront en valeur l'efficacité et la capacité du modèle mixte à reproduire correctement le comportement du modèle discret, en minimisant le temps de calcul et le nombre de degrés de liberté du système.

6.2 Simulations numériques

Tout d'abord, une validation du modèle homogénéisé, modélisé par des éléments finis rectangulaires dont le calcul est implémenté dans un code MATLAB, est obligatoire afin de partir sur une base fiable. Avant de passer à la validation, nous présentons les paramètres mécaniques et numériques qui seront nécessaires aux simulations qui vont suivre.

6.2.1 Paramètres mécaniques

Les dimensions d'une brique qu'on a conidéré sont telles que :la largeur est égale à la hauteur $a = 160$ mm (brique carrée) et l'épaisseur est $b = 120$ mm. L'épaisseur réelle d'un joint horizontal (e^h) et celle d'un joint vertical (e^v) est de 0.2 mm. La masse d'une brique s'écrit $M = \rho a^2 b$, où $\rho = 1800 \, \text{Kg.m}^{-3}$ représente la densité d'une brique. Le module d'Young du joint entre deux briques est $E = 1000$ MPa. Le coefficient de Poisson du joint est $\nu = 0.2$. Ci-dessous, le tableau (Tab.6.1) résume tous les paramètres utilisés dans les simulations numériques des cas statique et dynamique.

Paramètres	Valeurs	Unités
Module d'Young du joint	$E_{\text{joint}} = 1000$	MPa
Coefficient de Poisson	$\nu = 0.2$	
Charge extérieure	F = 1	N
Hauteur d'une brique	a = 160	mm
Largeur d'une brique	a = 160	mm
Épaisseur d'une brique	b = 120	mm
Épaisseur du joint	e = 0.2	mm
Masse d'une brique	$M = \rho a^2 b$	Kg

TAB. *6.1. Paramètres utilisés dans les simulations numériques du modèle*

6.2.2 Validation du code MATLAB à l'aide d'ABAQUS

Considérons un cas simple où un chargement statique suivant la direction $\mathbf{Y}_1$ (Fig.6.1) est appliqué au centre d'un rectangle qui représente un milieu isotrope dont la matrice de rigidité $\mathbb{C}$ s'écrit :

$$\mathbb{C} = \begin{pmatrix} \dfrac{E(1-\nu)}{(1+\nu)(1-2\nu)} & \dfrac{E\nu}{(1+\nu)(1-2\nu)} & 0 \\ \dfrac{E\nu}{(1+\nu)(1-2\nu)} & \dfrac{E(1-\nu)}{(1+\nu)(1-2\nu)} & 0 \\ 0 & 0 & \dfrac{E}{2(1+\nu)} \end{pmatrix} \quad (6.1)$$

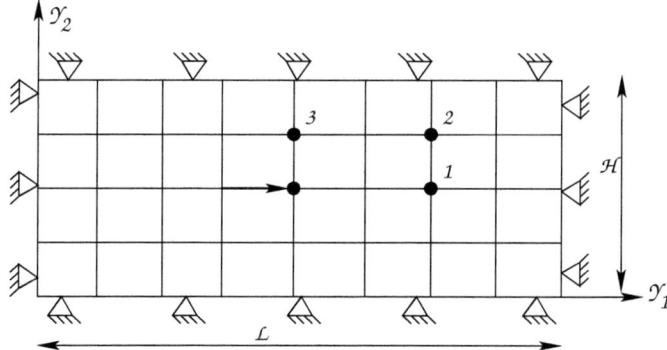

FIG. *6.1. Rectangle encastré aux bords modélisé par des EF*

La première étape du code Matlab consiste à établir un maillage du domaine. Connaissant les dimensions du rectangle, on le discrétise avec deux pas différents, un suivant Y_1 et l'autre suivant Y_2. Ainsi les coordonnées des noeuds sont déterminées. Ensuite, nous construisons le tableau de connectivité entre les noeuds afin de créer les éléments finis rectangulaires. Après la création du maillage, des conditions aux limites sont à considérer. Dans le cas étudié, les conditions aux limites imposées se résument par le blocage de tous les degrés de liberté (ddls) aux bords du mur. Les matrices de rigidité élémentaires ($\mathbf{K}_e$) sont assemblées pour donner la matrice de rigidité globale du système ($\mathbf{K}_{\text{glob}}$). Cette matrice a une forme creuse (définie en utilisant la fonction *SPARSE* dans Matlab) dans le but de rendre plus rapide le calcul des inconnues du système linéaire de taille identique à celui du nombre de ddls. Les degrés de libertés bloqués du système seront supprimés du calcul. La force globale $\mathbf{F}_{\text{glob}}$ est l'assemblage des forces élémentaires imposées sur les noeuds de chaque élément.

Dans le code d'éléments finis *"ABAQUS"*, nous reprenons le même type de chargement, les mêmes conditions aux limites, ainsi que la nature du matériau considéré.

Tout d'abord nous vérifions la convergence du code EF implémenté dans MATLAB. Pour ce faire, des points situés à une distance fixe du point d'application de la charge (Fig.6.1) sont repérés. En ces points, les valeurs des déplacements suivant les axes Y_1 et Y_2 sont extraites. Ce calcul est refait plusieurs fois avec un raffinement du maillage dans le but de s'assurer que le calcul est indépendant du maillage. Le tableau (Tab.6.2) montre la convergence des déplacements vers la même valeur en chaque point considéré indépendemment du maillage.

Maillage	Noeud 1		Noeud 2		Noeud 3	
	U_{Y_1}	U_{Y_2}	U_{Y_1}	U_{Y_2}	U_{Y_1}	U_{Y_2}
41 × 31	$1.876e^{-13}$	$1.32e^{-27}$	$9.82e^{-14}$	$4.102e^{-14}$	$1.25e^{-13}$	$3.12e^{-24}$
91 × 69	$1.868e^{-13}$	$1.29e^{-27}$	$9.62e^{-14}$	$4.223e^{-14}$	$1.28e^{-13}$	$3.23e^{-24}$
201 × 201	$1.873e^{-13}$	$1.28e^{-27}$	$9.78e^{-14}$	$4.54e^{-14}$	$1.29e^{-13}$	$3.21e^{-24}$

TAB. *6.2. Comparaison entre les déplacements avec différents types de maillage*

Le tableau (Tab.6.3) illustre les valeurs des déplacements aux noeuds mentionnés sur la figure (Fig.6.1), calculés d'une part avec le code MATLAB et ABAQUS d'autre part. Cette comparaison montre que ces valeurs sont très proches.

	Noeud 1		Noeud 2		Noeud 3	
	U_{Y_1}	U_{Y_2}	U_{Y_1}	U_{Y_2}	U_{Y_1}	U_{Y_2}
ABAQUS	$1.87e^{-13}$	$2.45e^{-27}$	$9.821e^{-14}$	$4.283e^{-14}$	$1.282e^{-13}$	$3.295e^{-24}$
MATLAB	$1.876e^{-13}$	$1.32e^{-27}$	$9.82e^{-14}$	$4.102e^{-14}$	$1.25e^{-13}$	$3.12e^{-24}$

TAB. *6.3. Comparaison entre les déplacements calculés à partir de MATLAB et d'ABAQUS*

Ci-dessus, les champs de déplacements suivant Y_1 et Y_2 sont représentés à l'aide de dégradés dans les figures (Fig.6.2a), respectivement (Fig.6.2b). Nous remarquons que les valeurs aux bords du domaine sont nulles ce qui correspond aux conditions aux limites imposées. Les valeurs du champ suivant Y_2 sont aussi nulles sur la ligne moyenne des noeuds du domaine.

Nous reprenons les mêmes étapes de calcul qui viennent d'être faites avec le milieu homogénéisé orthotrope dont nous avons calculé la matrice de comportement $\mathbb{C}$ (5.110). Le même accord entre les calculs MATLAB et ABAQUS est toujours observé.

Sur la figure (Fig.6.3), l'évolution du déplacement des noeuds de la ligne moyenne suivant l'axe Y_1 est présentée pour différents maillages. Nous remarquons que quelque soit le choix du maillage (fin ou grossier), les déplacements sont quasi confondus.

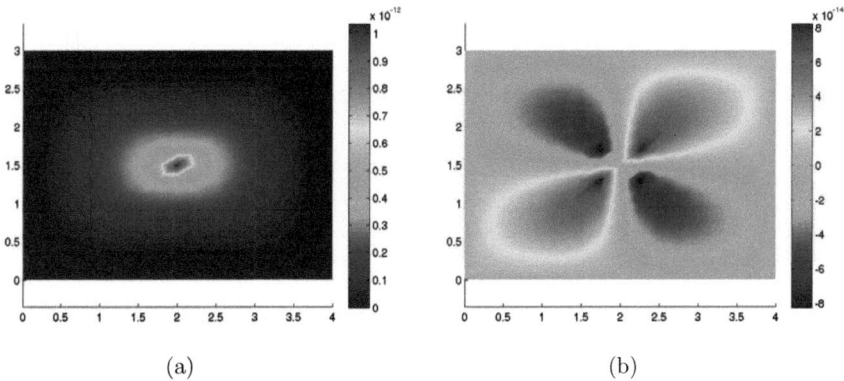

FIG. **6.2**. *Déplacement suivant Y_1 (a); Déplacement suivant Y_2 (b)*

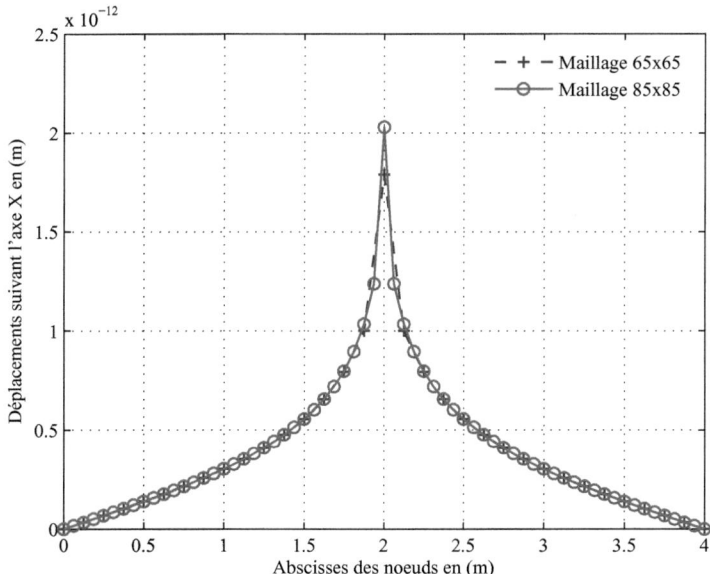

FIG. **6.3**. *Bonne concordance entre les déplacements des noeuds suivant l'axe des abcisses Y_1 avec différents type de maillage*

6.2.3 Validation du modèle discret

Comme pour le modèle continu homogénéisé, nous avons prouvé la convergence de la solution continue indépendemment du maillage employé, le modèle discret doit être validé d'une manière similaire. Pour cela, considérons le même cas test étudié dans le cas continu. Le mur de maçonnerie a 4 mètres de longueur et 3 mètres de hauteur. Une force unitaire est appliquée au centre du mur. Nous cherchons à comparer les déplacements aux noeuds 1, 2 et 3 (Fig.6.4) pour différents maillages tout en gardant les mêmes dimensions du mur de maçonnerie. La figure (Fig.6.4) représente la description discrète du mur de maçonnerie. Sur cette figure, sont représentées les conditions aux limites. Elles se résument par le blocage de tous les degrés de libertés (ddls) des noeuds aux bords. Chaque brique est représentée par son centre avec 3 ddls dont deux pour les déplacements suivant Y_1 et Y_2 et un pour la rotation suivant Y_3.

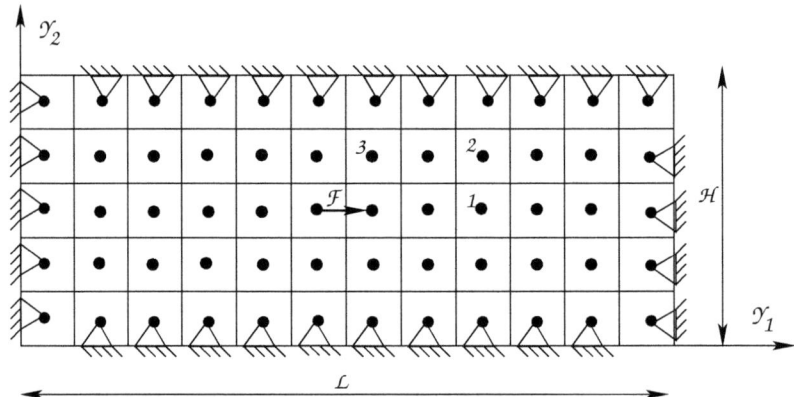

FIG. *6.4. Modèle de maçonnerie discret aux bords encastrés*

Dans un premier temps, nous réalisons un calcul avec un maillage qui emploie les vraies valeurs des paramètres mécaniques d'une brique (Tab.6.1). Grâce à ces valeurs, le nombre de briques suivant la direction Y_1 est $n = 25$ et $k = 25$ suivant la direction Y_2. Le calcul est fait et les déplacements de la ligne moyenne des centres sont représentés sur la figure (Fig.6.5).

En gardant les mêmes dimensions du mur de maçonnerie, nous reprenons le même cas test mais en raffinant le maillage de façon à ce que le milieu discret tende vers un milieu continu. Dans chaque simulation, les valeurs des déplacements aux noeuds choisis (Fig.6.4) sont extraites. La comparaison entre les valeurs des déplacements montre que la solution discrète converge vers la solution continue lorsque le maillage est fin. Ceci prouve que le milieu discret est homogénéisable. Le tableau (Tab.6.4) illustre la convergence de la solution discrète vers celle homogénéisée.

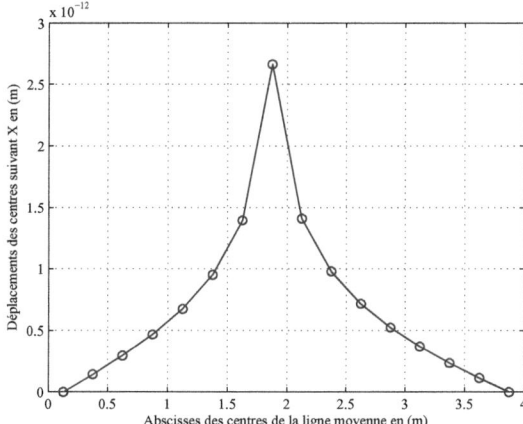

FIG. **6.5**. *Déplacements de la ligne moyenne des noeuds*

Maillage	Noeud 1		Noeud 2	
	U_{Y_1}	U_{Y_2}	U_{Y_1}	U_{Y_2}
Homogénéisé : (61×61)	$3.029e^{-13}$	$4.29e^{-25}$	$7.42e^{-14}$	$3.312e^{-14}$
Discret : (25×25)	$4.324e^{-13}$	$5.369e^{-24}$	$8.56e^{-14}$	$4.267e^{-14}$
Discret : (51×51)	$3.762e^{-13}$	$9.317e^{-24}$	$8.156e^{-14}$	$3.824e^{-14}$
Discret : (75×75)	$3.062e^{-13}$	$5.324e^{-25}$	$7.49e^{-14}$	$3.365e^{-14}$

TAB. **6.4**. *Validation modèle discret : différents maillage vs modèle homogénéisé fin*

Après la validation des deux modèles discret et homogénéisé, l'étape suivante porte sur d'autres simulations dont le but est de trouver les cas singuliers où la solution discrète ne tend pas vers la solution homogénéisée. Dans ces cas, le modèle mixte continu/homogénéisé est envisageable.

6.2.4 Comparaison entre les modèles continu et discret

Cette section constitue le coeur du chapitre. Plusieurs cas de chargements sont simulés tels que le cisaillement, l'écrasement à bords fixes ou libres.

6.2.4.1 Test de cisaillement

Le premier cas test qu'on va étudier est celui de cisaillement à bords fixes. Considérons le cas d'un mur chargé uniformément sur la face supérieure (Fig.6.6).

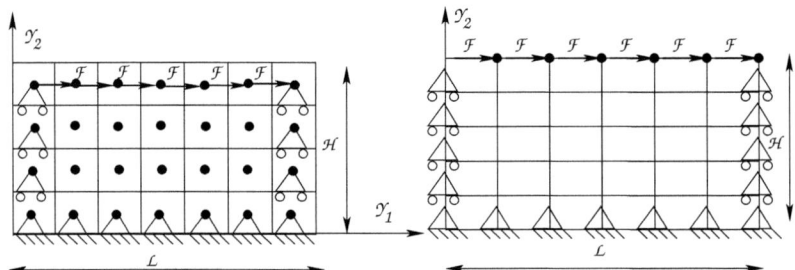

FIG. *6.6*. *Mur de maçonnerie soumis à un test de cisaillement à bords fixes*

La face inférieure du mur est supposée encastrée ($u_1 = u_2 = \omega_3 = 0$ dans le cas discret et $u_1 = u_2 = 0$ dans le cas continu). Sur les deux cotés verticaux, les déplacements suivant la direction Y_2 pour les deux modèles, continu et discret ($u_2 = 0$) sont bloqués. Considérons au départ un maillage discret grossier et un maillage continu fin. Par comparaison des déplacements de la ligne moyenne des noeuds, on constate une différence qui s'avère de 10%. En affinant le maillage discret jusqu'à ce que l'échelle de calcul soit celle du modèle continu ou plus fine, cette différence disparait. Ci-dessous, la figure (Fig.6.7) montre la disparition de cette différence en fonction du raffinement du modèle discret.

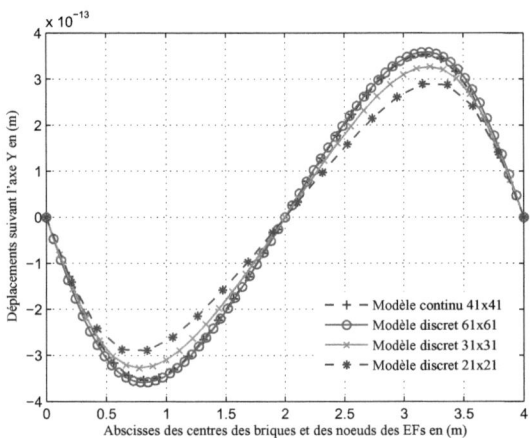

FIG. *6.7*. *Comparaison entre les déplacements continu et discret à différentes échelles*

Les courbes représentées sur la figure (Fig.6.7) montrent que le milieu discret est homogénéisable dans le cas de cisaillement avec des bords fixes et que la solution discrète est proche de celle continue. Dans ce cas, le modèle continu homogénéisé remplace le milieu discret et donne le même comportement du mur de maçonnerie.

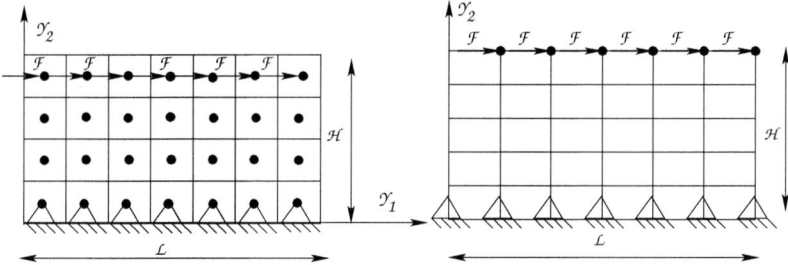

FIG. 6.8. *Mur de maçonnerie soumis à un test de cisaillement à bords libres*

Considérons le test de cisaillement où les bords sont libres. Les conditions aux limites sont juste imposées sur la borne inférieure du mur (voir Fig.6.8), ainsi $u_1(Y = 0) = u_2(Y = 0) = \omega_3(Y = 0) = 0$. Sur la figure (Fig.6.9), les champs de déplacement du milieu continu suivant les axes Y_1 et Y_2 sont représentés. Nous remarquons que la maçonnerie est fortement cisaillée et que le modèle discret n'est homogénéisable que lorsque le maillage discret est fin.

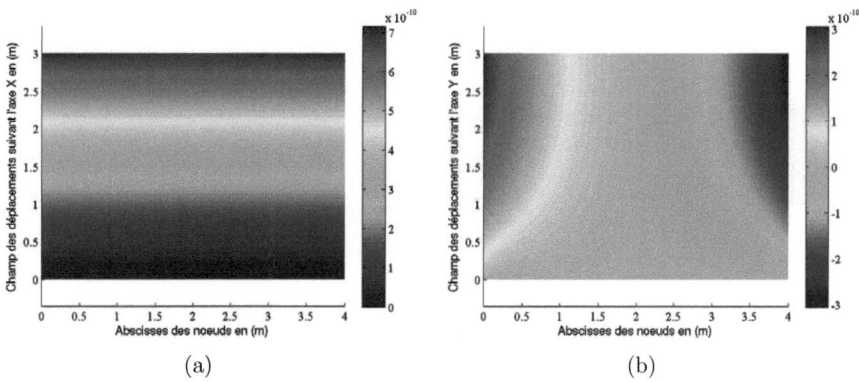

(a) (b)

FIG. 6.9. *Déplacement suivant Y_1 (a) ; Déplacement suivant Y_2 (b)*

Sur la figure (Fig.6.10), les déplacements de la ligne moyenne suivant l'axe Y_2 sont représentés. Les deux modèles aboutissent à des résultats identiques dans le cas d'un maillage discret fin (dans ce cas le maillage continu est 25x25 tandis que le discret est 100x100).

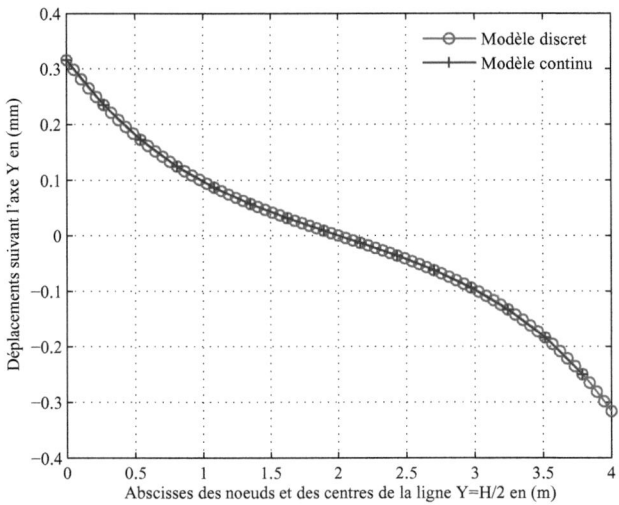

FIG. *6.10*. *Déplacements continu vs discret ; cisaillement à bords libres*

6.2.4.2 Test d'écrasement

Un deuxième test à implémenter est celui de l'écrasement où la maçonnerie sera soumise à l'effet d'une pression uniforme sur l'un de ses bords. La figure (Fig.6.11) représente l'écrasement du mur suivant l'axe Y_2.

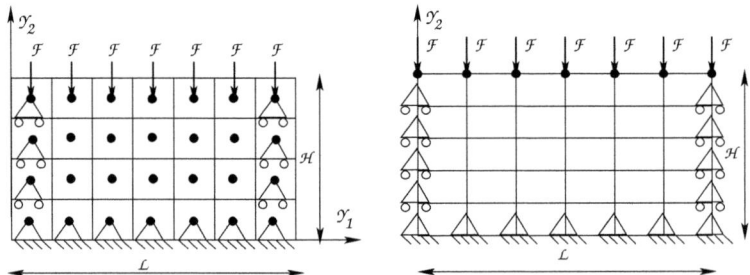

FIG. *6.11*. *Mur de maçonnerie soumis à un test d'écrasement*

Les dimensions du mur de la maçonnerie sont les mêmes que pour le cas discret (Sec.6.2.3). Le modèle discret sera maillé en (n=50) briques suivant Y_1 et (k=50) briques suivant Y_2. Le

6.2 Simulations numériques

maillage du modèle continu doit être grossier comparé à celui discret. Les degrés de liberté sur la ligne inférieure sont bloqués dans les deux modèles ($u_1(Y=0) = u_2(Y=0) = 0$ pour le continu, et $u_1(Y=0) = u_2(Y=0) = \omega_3 = 0$ pour le discret). Les ddls sur les deux bords sont bloqués suivant la direction Y_2, ($u_2(X=0, X=L) = 0$). Nous réalisons le calcul à partir des deux modèles et comparons les déplacements de la ligne moyenne.

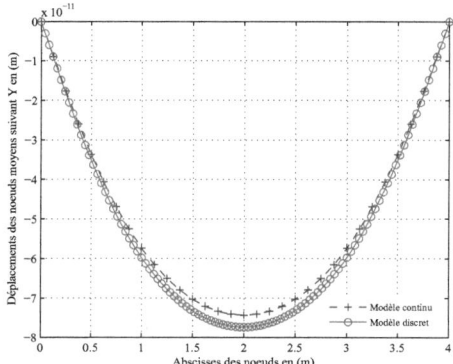

FIG. 6.12. *Déplacements continu vs discret ; Écrasement à bords fixes*

Sur les courbes de la figure (Fig.6.12), nous observons la concordance entre les déplacements des noeuds de la ligne moyenne de la maçonnerie ($y = \frac{H}{2}$) suivant l'axe Y_2. L'écrasement de la maçonnerie est représenté sur le dégradé du champ de déplacement suivant la direction Y_2 (Fig.6.13).

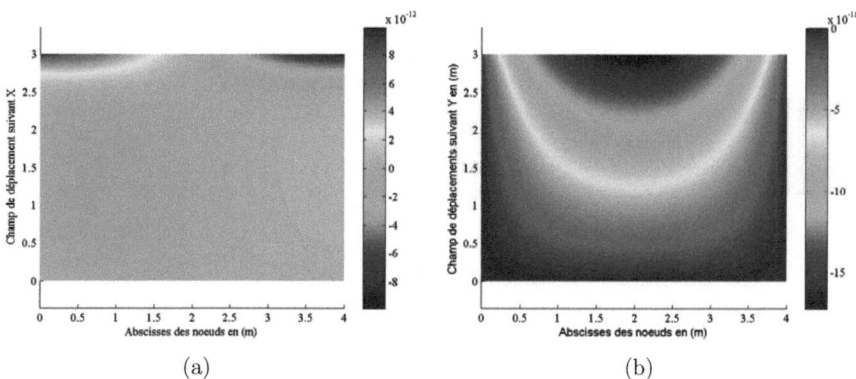

FIG. 6.13. *Champs de déplacement suivant Y_1 ; Champs de déplacement suivant Y_2*

Grâce aux différentes simulations numériques sur les modèles de maçonnerie considérés, nous avons pu prouver que le modèle discret est homogénéisable dans les cas homogènes. Dans certains cas tests ou des hétérogénéités sont intégrés, le modèle discret n'est plus homogénéisable (effets de bords, fissures à l'intérieur qu'on verra plus loin, *etc.*). Nous estimons cependant qu'il est plus judiciable afin de minimiser les temps de calcul considérables, de coupler le modèle discret avec un modèle continu au niveau des singularités telles que d'éventuelles fissures dans le mur. Nous développons dans la suite ce modèle mixte continu/discret.

6.3 Modèle mixte ; discret/continu

Dans le modèle couplé, les deux configurations du milieu sont présentes. Le modèle continu est utilisé dans les zones homogènes de la maçonnerie tandis que le modèle discret est utilisé aux endroits singuliers. Entre les zones discrète et continue, existe une zone d'interface où des EDs interpolés sont créés à l'intérieur des EFs.

La figure (Fig.6.14) représente une simulation du maillage du modèle couplé où on distingue les différentes zones : la zone continue B^C, la zone discrète B^D et l'interface du couplage discret/continu B^I.

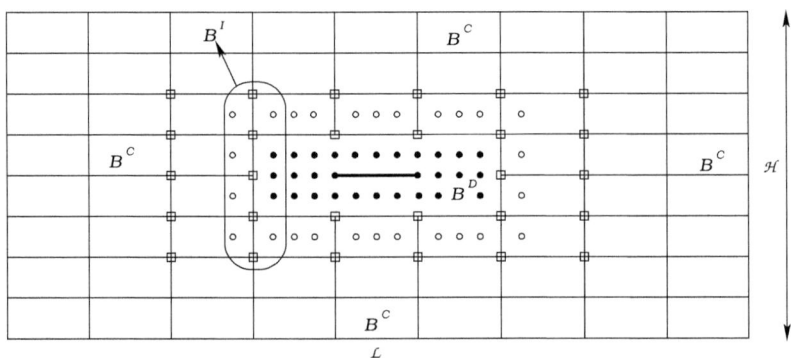

FIG. **6.14.** *Mur de maçonnerie modélisé par un couplage mixte discret/continu ; les (●) sont les EDs de la région purement discrète (B^D) tandis que les (○) sont les ED interpolés situés à la frontière de l'interface (B^I). Les (□) sont les noeuds des EF de la région continue (B^C). (———) représente la fissure créée à l'intérieur de la zone discrète*

6.3.1 Principe

La zone continue B^C (Fig.6.14) est discrétisée à l'aide des éléments finis quadratiques. Dans cette zone, la méthode des éléments finis est utilisée pour étudier le comportement. La zone discrète B^D est représentée par les points noirs •. Ces points à 3 ddls chacun, représentent les centres des briques. Ils interagissent par des interfaces élastiques. Entre les deux zones, continue et discrète, existe une interface notée B^I. Cette interface assure l'interaction entre les EDs et les EFs par interpolation.

Au niveau énergétique, l'énergie potentielle totale Π^{tot} du milieu B est la somme des énergies potentielles de chaque sous domaine qui le constitue (B^C et B^D) ainsi que l'énergie d'interaction de l'interface (B^I). Cette énergie s'écrit :

$$\Pi^{tot} = \widehat{\Pi}^C + \Pi^D + \Pi^I \tag{6.2}$$

Le $\widehat{}$ sur le Π^C signifie que l'énergie potentielle de la zone continue est approximée par la méthode des éléments finis. Π^I est l'énergie d'interaction entre la zone discrète et continue (que nous développerons plus loin). Ces contributions énergétiques s'écrivent :

$$\Pi^D = \sum_{\alpha \in B^D} E^\alpha - \sum_{\alpha \in B^D} f_{ext}^\alpha . \tilde{u}^\alpha \tag{6.3}$$

$$\Pi^C = \int_{B^C} W dV - \int_{\partial B_t^C} \bar{t}.u.dV \tag{6.4}$$

Où $\tilde{u}^\alpha$ est le déplacement de l'ED (α), $u(X)$ est le champ de déplacement continu, E^α est l'énergie associée à chaque brique, f_{ext}^α est la force appliquée au centre d'une brique, $\bar{t}$ est l'effort de traction et W est l'énergie de déformation.

L'énergie continue s'écrit sous sa forme approchée par la méthode de Gauss :

$$\widehat{\Pi}^C = \sum_{e=1}^{n_{elem}} \sum_{q=1}^{n_q} w_q V^e W(X_q^e) - \mathbb{F}^T.\mathbb{U} \tag{6.5}$$

Où n_{elem} est le nombre d'éléments, V^e est le volume d'un élément e, n_q est le nombre de points de Gauss, w_q est le poids d'un point de Gauss, X_q^e est la position du point de Gauss q dans l'élément e dans la configuration de référence, et $\mathbb{F}$ et $\mathbb{U}$ représentent les vecteurs des forces appliquées et des déplacements nodaux des EFs.

6.3.2 Passage continu/discret

Dans la zone d'interface, des ED interpolés s'interpénètrent avec ceux continus. Une relation doit être établie entre le vecteur des déplacements continus aux noeuds d'un élément fini $[u_1\, v_1\, u_2\, v_2\, u_3\, v_3\, u_4\, v_4]$ et le vecteur des déplacements et de rotation discret

$[U\,V\,W]$ au centre de la brique. Le vecteur déplacement et la matrice de rotation au centre d'une brique située à l'intérieur d'un EF vérifient les relations suivantes :

$$\underline{U}^{ij} = \underline{u}(\underline{x}^{ij}) \qquad (6.6)$$

$$\underline{\underline{W}}^{ij} = \frac{1}{2}\left(\underline{\underline{grad}}\,\underline{u}(\underline{x}^{ij}) - \underline{\underline{grad}}^T\,\underline{u}(\underline{x}^{ij})\right) \qquad (6.7)$$

Où $\underline{U}^{ij}$ et W^{ij} sont respectivement les déplacements et la rotation du centre de la brique suivant X et Y. $\underline{u}(x^{ij})$ est le vecteur déplacement continu interpolé au centre de la brique. En utilisant les fonctions de forme associées à l'élément fini (ϕ_i), les déplacements continus interpolés au centre de la brique se formulent par :

$$u(\underline{x}^{ij}) = \sum_{i=1}^{4} u_i\,\phi_i(\underline{x}^{ij}) \qquad (6.8)$$

$$v(\underline{x}^{ij}) = \sum_{i=1}^{4} v_i\,\phi_i(\underline{x}^{ij}) \qquad (6.9)$$

Les fonctions de forme de l'élément quadratique dans la base physique (x, y) calculées aux centres de la brique (x^{ij}, y^{ij}) s'écrivent :

$$\phi_1\left(x^{ij}, y^{ij}\right) = \frac{1}{4}\left(1 - \frac{2x^{ij}}{a}\right)\left(1 - \frac{2y^{ij}}{b}\right) \qquad (6.10)$$

$$\phi_2\left(x^{ij}, y^{ij}\right) = \frac{1}{4}\left(1 + \frac{2x^{ij}}{a}\right)\left(1 - \frac{2y^{ij}}{b}\right) \qquad (6.11)$$

$$\phi_3\left(x^{ij}, y^{ij}\right) = \frac{1}{4}\left(1 + \frac{2x^{ij}}{a}\right)\left(1 + \frac{2y^{ij}}{b}\right) \qquad (6.12)$$

$$\phi_4\left(x^{ij}, y^{ij}\right) = \frac{1}{4}\left(1 - \frac{2x^{ij}}{a}\right)\left(1 + \frac{2y^{ij}}{b}\right) \qquad (6.13)$$

En utilisant les équations (6.7, 6.8 et 6.9), la rotation du centre de la brique s'écrit :

$$W^{ij} = \frac{1}{2}\left(\frac{\partial u}{\partial y} - \frac{\partial v}{\partial x}\right) = \frac{1}{2}\left(\sum_{i=1}^{4}\frac{\partial \phi_i}{\partial y}u_i - \sum_{i=1}^{4}\frac{\partial \phi_i}{\partial x}v_i\right) \qquad (6.14)$$

En utilisant toutes les égalités établies dans les équations (6.6, 6.7, 6.8, 6.9 et 6.14), le passage continu/discret est établi sous forme matricielle :

$$\begin{bmatrix} U^{ij} \\ V^{ij} \\ W^{ij} \end{bmatrix} = \underbrace{\begin{pmatrix} \phi_1 & 0 & \phi_2 & 0 & \phi_3 & 0 & \phi_4 & 0 \\ 0 & \phi_1 & 0 & \phi_2 & 0 & \phi_3 & 0 & \phi_4 \\ \tfrac{1}{2}\phi_{1,y} & -\tfrac{1}{2}\phi_{1,x} & \tfrac{1}{2}\phi_{2,y} & -\tfrac{1}{2}\phi_{2,x} & \tfrac{1}{2}\phi_{3,y} & -\tfrac{1}{2}\phi_{3,x} & \tfrac{1}{2}\phi_{4,y} & -\tfrac{1}{2}\phi_{4,x} \end{pmatrix}}_{\text{Matrice d'interpolation }(\underline{\underline{M}})} \begin{bmatrix} u_1 \\ v_1 \\ u_2 \\ v_2 \\ u_3 \\ v_3 \\ u_4 \\ v_4 \end{bmatrix}$$

$$(6.15)$$

6.3.3 Critère de couplage

Dans la première partie de ce travail, un critère de couplage a été proposé pour le modèle 1D. Le même critère va être adapté pour le modèle 2D. Le rôle de ce critère est de contrôler la taille de la zone discrète.

Considérons un élément fini proche de la zone singulière (fissuration du mur) entouré par d'autres EF et contenant des ED interpolés (Fig.6.15). Nous proposons de calculer les paramètres mécaniques des éléments discrets créés à l'intérieur de l'élément fini $B^{i,j}$ puis de les comparer aux déplacements continus interpolés.

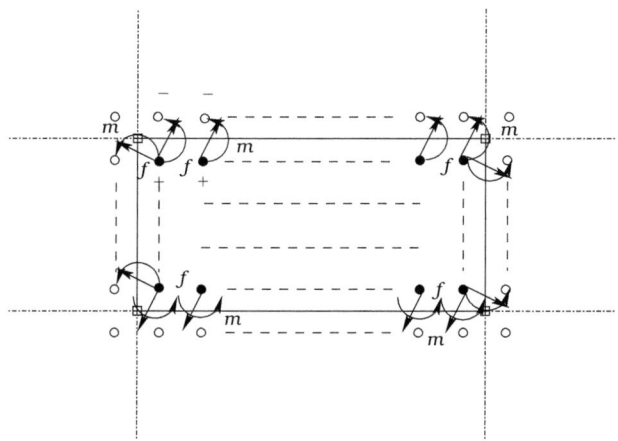

FIG. **6.15**. *Schématisation des forces d'interaction (moment (m) et effort (f) résultante de (f_1) et (f_2)) entre un ED (●) et un ED interpolé (○). Ces forces sont calculées à partir de l'énergie d'interaction entre les deux ED.*

Le calcul discret approché se fait à partir des déplacements aux noeuds de l'EF. Tout d'abord les déplacements aux noeuds de l'EF sont interpolés aux centres des EDs à l'intérieur de l'EF en utilisant l'équation de passage continu/discret (6.15). Connaissant la matrice de rigidité d'interaction ($\mathbf{K}^{\text{interface}}$) entre deux EDs, nous calculons le vecteur force d'interaction ($\mathbf{F}^{\text{interaction}}$) en utilisant la relation suivante :

$$\underbrace{\begin{pmatrix} f_1^- \\ f_2^- \\ m_3^- \\ f_1^+ \\ f_2^+ \\ m_3^+ \end{pmatrix}}_{\mathbf{F}^{\text{interaction}}} = \left(\mathbf{K}^{\text{interface}}\right) \begin{pmatrix} U^- \\ V^- \\ W^- \\ U^+ \\ V^+ \\ W^+ \end{pmatrix} \quad (6.16)$$

$(f_1^-, f_2^-, f_1^+, f_2^+)$ et (m_3^-, m_3^+) sont respectivement les composantes du vecteur force des deux EDs ($-$ et $+$) suivant l'axe Y_1 et Y_2 et les moments suivant l'axe Y_3.

Après l'assemblage des vecteurs forces et moments extérieurs (f_1, f_2 et m_3) en ($\mathbf{F}^{\text{assemble}}$), nous implémentons les valeurs de ce vecteur dans le calcul discret sur le domaine représenté par l'élément fini (Fig.6.15). La matrice de rigidité globale du système discret local ($\mathbf{K}^{\text{discret}}$) est calculée en assemblant toutes les matrices d'interaction ($\mathbf{K}^{\text{interface}}$). Ainsi, les déplacements discrets aux centres des briques se calcule en utilisant la relation suivante :

$$\mathbf{U}^{\text{discret}}_{\text{approx}} = \left(\mathbf{K}^{\text{discret}}\right)^{-1} \mathbf{F}^{\text{assemble}} \qquad (6.17)$$

Le vecteur des déplacements continus interpolés aux centres des briques est noté $\mathbf{U}^{\text{continu}}_{\text{interpolé}}$.

Ensuite, nous calculons l'erreur entre les déplacements discrets approchés et ceux continus. Si cette erreur (6.18) dépasse les 10%, cela signifie qu'il faut augmenter la taille de la zone discrète autour de la fissure. Dans le cas contraire, le maillage continu est gardé.

$$\text{erreur} = \left| \frac{\mathbf{U}^{\text{discret}}_{\text{approx}} - \mathbf{U}^{\text{continu}}_{\text{interpolé}}}{\mathbf{U}^{\text{discret}}_{\text{approx}}} \right| \qquad (6.18)$$

Le calcul de cette erreur est considéré comme étant le critère de couplage. Grâce à ce critère, la taille de la zone discrète est contrôlée. Ainsi, en limitant la taille de la zone discrète aux endroits singuliers, le nombre de ddls diminue d'où une augmentation du facteur gain d'éléments.

6.3.4 Matrice de rigidité globale

La matrice de rigidité globale du milieu est l'assemblage des matrices de rigidité élémentaires des différentes zones. Pour la zone continue, la matrice de rigidité ($\mathbf{K}^{\text{C}}$) est l'assemblage des matrices de rigidité de tous les éléments finis qui la constitue. La matrice de rigidité élémentaire a été calculée à l'équation (5.69) du chapitre 5. Pour la zone discrète, la matrice de rigidité ($\mathbf{K}^{\text{D}}$) est l'assemblage des matrices de rigidité des interfaces élastiques (horizontale et verticale) entre les briques voisines. La matrice de rigidité d'interaction ($\mathbf{K}^{\text{C-D}}$) entre les EDs et les EFs où l'interaction est assurée à l'aide des EDs interpolés à l'intérieur de l'EF, doit être calculée avec soin.

Pour trouver la forme de la matrice de rigidité globale, on formule l'énergie élastique du milieu couplé :

$$\mathbf{E}^{\text{totale}} = \frac{1}{2} \left(\underbrace{{}^t\mathbf{U}^{\text{D}}\,\mathbf{K}^{\text{D}}\,\mathbf{U}^{\text{D}}}_{\mathbf{E}^{\text{discrète}}} + \underbrace{{}^t\mathbf{U}^{\text{C}}\,\mathbf{K}^{\text{C}}\,\mathbf{U}^{\text{C}}}_{\mathbf{E}^{\text{continue}}} + \mathbf{E}^{\text{interaction}} \right) \qquad (6.19)$$

$\mathbf{E}^{\text{discrète}}$ est l'énergie d'interaction entre les EDs, $\mathbf{E}^{\text{continue}}$ est l'énergie d'interaction entre les EFs et $\mathbf{E}^{\text{interaction}}$ est l'énergie d'interaction entre les EDs et les EFs. $\mathbf{U}^{\text{D}}$ et $\mathbf{U}^{\text{C}}$ sont respectivement les vecteurs des déplacements discrets aux centres des briques et continus aux noeuds des EFs.

6.3 Modèle mixte ; discret/continu

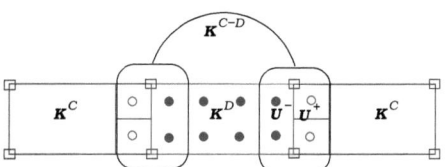

FIG. 6.16. *Schématisation des trois zones ; continue en bleue, interface discrète/continue en rose et discrète en verte. Les interfaces en rose à l'intérieur de l'EF ne sont pas comptées dans la matrice de rigidité. La rigidité des interfaces à la frontière de l'EF (zone en bleue) est considérée à moitié dans la matrice globale $\mathbf{K}^{C-D}$ de la zone B^I. $\mathbf{K}^D$ est la matrice de rigidité de la zone discrète et $\mathbf{K}^C$ est la matrice de rigidité de la zone continue. U^+ est le vecteur déplacement d'un ED interpolé situé dans la zone B^I tandis que U^- est le vecteur déplacement d'un ED situé dans la zone B^D.*

L'énergie d'interaction entre les deux EDs (− et +) (Fig.6.16), s'écrit :

$$\mathbf{E}^{\text{interaction}} = \frac{1}{2} \begin{pmatrix} U^- \\ U^+ \end{pmatrix}^T \begin{bmatrix} \mathbf{K}^{\text{interface}} \end{bmatrix} \begin{pmatrix} U^- \\ U^+ \end{pmatrix} \qquad (6.20)$$

$\mathbf{K}^{\text{interface}}$ est la matrice de rigidité de l'interface entre les deux EDs (- et +).

Dans la section (6.3.2), une relation a été établie entre les déplacements continus aux noeuds d'un élément fini et les déplacements aux centres des briques à l'intérieur de l'élément. Ainsi dans la zone d'interface, la matrice de rigidité va être calculée à l'aide des deux configurations, discrète et continue. En remplaçant (U^+) par $(\mathbf{M}\,U^C)$ (6.15), l'équation (6.20) devient :

$$\mathbf{E}^{\text{interaction}}_{\text{élémentaire}} = \frac{1}{4} \begin{pmatrix} U^- \\ \mathbf{M}\,U^C \end{pmatrix}^T \begin{bmatrix} \mathbf{K}^{\text{interface}} \end{bmatrix} \begin{pmatrix} U^- \\ \mathbf{M}\,U^C \end{pmatrix} \qquad (6.21)$$

L'énergie d'interaction calculée en (6.20) est comptée à moitié dans le calcul de l'énergie globale d'où un facteur $(\frac{1}{4})$ au lieu de $(\frac{1}{2})$ dans la formulation de l'énergie.

Ainsi la somme de toutes les énergies élémentaires (6.21) s'écrit sous une forme qui dépend de U^C et U^D. L'énergie d'interaction globale s'écrit :

$$\mathbf{E}^{\text{interaction}} = \sum_{i=1}^{\text{nb inter}} \mathbf{E}^{\text{interaction}}_{\text{élémentaire}} = \frac{1}{2} \begin{pmatrix} U^C \\ U^D \end{pmatrix}^T \begin{bmatrix} \mathbf{K}^{\text{C-D}} \end{bmatrix} \begin{pmatrix} U^C \\ U^D \end{pmatrix} \qquad (6.22)$$

nb inter signifie le nombre des interactions discrète/continue et $\mathbf{K}^{\text{C-D}}$ est la matrice d'interaction globale construite en assemblant toutes les matrices élémentaires ($\mathbf{K}^{\text{interaction}}_{\text{élémentaire}}$)

dont les dimensions de chacune est de (11×11). La matrice d'interaction élémentaire possède la forme suivante :

$$\mathbf{K}_{\text{élémentaire}}^{\text{interaction}} = \left(\begin{array}{c|c} \mathbb{A} & \mathbb{B} \\ \hline \mathbb{C} & \mathbb{D} \end{array} \right) \qquad (6.23)$$

Où $\mathbb{A}$, $\mathbb{B}$, $\mathbb{C}$ et $\mathbb{D}$ sont des sous matrices calculées en utilisant les relations (6.15 et 6.21). $\mathbb{B}$ et $\mathbb{C}$ sont respectivement deux matrices de dimensions (8×3) et (3×8) telles que $\mathbb{C} =^t \mathbb{B}$, tandis que $\mathbb{A}$ a pour dimensions (8×8) et $\mathbb{D}$ (3×3).

Dans le cas d'une interaction verticale (5.20), et en notant que : $\alpha = \dfrac{(-K' + 3K'')a}{96e}$, $b = -\dfrac{K''a\sqrt{2}}{16e}$, $c = \dfrac{K''a\sqrt{2}}{16e}$, $d = \dfrac{(K' + 3K'')a}{192e}$, $\eta = -\dfrac{K'a}{2e}$, $f = \dfrac{K''a}{2e}$, $g = -\dfrac{K''a}{2e}$, $h = \dfrac{K'a}{2e}$, $i = \dfrac{K''a\sqrt{2}}{8e}$ et $j = -\dfrac{K''a\sqrt{2}}{8e}$, ces matrices s'écrivent :

$$\mathbb{C} =^t \mathbb{B} = \begin{pmatrix} \eta\phi_1 & 0 & \eta\phi_2 & 0 & \eta\phi_3 & 0 & \eta\phi_4 & 0 \\ b\phi_{1,y} & g\phi_1 - b\phi_{1,x} & b\phi_{2,y} & g\phi_2 - b\phi_{2,x} & b\phi_{3,y} & g\phi_3 - b\phi_{3,x} & b\phi_{4,y} & g\phi_4 - b\phi_{4,x} \\ \alpha\phi_{1,y} & i\phi_1 - \alpha\phi_{1,x} & \alpha\phi_{2,y} & i\phi_2 - \alpha\phi_{2,x} & \alpha\phi_{3,y} & i\phi_3 - \alpha\phi_{3,x} & \alpha\phi_{4,y} & i\phi_4 - \alpha\phi_{4,x} \end{pmatrix}$$
$$(6.24)$$

$$\mathbb{D} = \begin{pmatrix} h & 0 & 0 \\ 0 & f & j \\ 0 & j & 4d \end{pmatrix} \qquad (6.25)$$

Où (ϕ_i) sont les fonctions de forme, et $(\phi_{i,x}$ et $\phi_{i,y})$ sont respectivement leurs dérivées par rapport à x et y.

La matrice globale $\mathbf{K}^{\text{C-D}}$ prendra une forme creuse.

En identifiant l'équation (6.22) dans l'équation (6.19), l'énergie globale du système couplé prend la forme finale suivante :

$$\mathbf{E}^{\text{totale}} = \frac{1}{2} \begin{pmatrix} \mathrm{U}^{\mathrm{C}} \\ \mathrm{U}^{\mathrm{D}} \end{pmatrix}^T \underbrace{\left[\left(\begin{array}{c|c} \mathbf{K}^{\mathrm{C}} & 0 \\ \hline 0 & \mathbf{K}^{\mathrm{D}} \end{array} \right) + \left(\mathbf{K}^{\text{C-D}} \right) \right]}_{\mathbf{K}^{\text{globale}}} \begin{pmatrix} \mathrm{U}^{\mathrm{C}} \\ \mathrm{U}^{\mathrm{D}} \end{pmatrix} \qquad (6.26)$$

$\mathbf{K}^{\text{globale}}$ est la matrice de rigidité globale qui assemble les matrices de rigidité des différentes zones du milieu.

6.3 Modèle mixte: discret/continu

$$\mathbb{A} = \begin{pmatrix} h\phi_1^2 + d\phi_{1,y}^2 & c\phi_1\phi_{1,y} - d\phi_{1,y}\phi_{1,x} & h\phi_1\phi_2 + d\phi_{1,y}\phi_{2,y} & c\phi_2\phi_{1,y} - d\phi_{1,y}\phi_{2,x} & h\phi_1\phi_3 + d\phi_{1,y}\phi_{3,y} & c\phi_3\phi_{1,y} - d\phi_{1,y}\phi_{3,x} & h\phi_1\phi_4 + d\phi_{1,y}\phi_{4,y} & c\phi_4\phi_{1,y} - d\phi_{1,y}\phi_{4,x} \\ - & \int \phi_{1}^2 + \phi_{1,x}(d\phi_{1,x} - 2c\phi_1) & \phi_{2,y}(c\phi_1 - d\phi_{1,x}) & \int \phi_1\phi_2 - c\phi_2\phi_{1,x} - c\phi_1\phi_{2,x} + d\phi_{1,x}\phi_{2,x} & \phi_{3,y}(c\phi_1 - d\phi_{1,x}) & \int \phi_1\phi_3 - c\phi_3\phi_{1,x} - c\phi_1\phi_{3,x} + d\phi_{1,x}\phi_{3,x} & \phi_{4,y}(c\phi_1 - d\phi_{1,x}) & \int \phi_1\phi_4 - c\phi_4\phi_{1,x} - c\phi_1\phi_{4,x} + d\phi_{1,x}\phi_{4,x} \\ - & - & h\phi_{2,y}^2 + d\phi_{2,y}^2 & c\phi_2\phi_{2,y} - d\phi_{2,y}\phi_{2,x} & h\phi_2\phi_3 + d\phi_{2,y}\phi_{3,y} & c\phi_3\phi_{2,y} - d\phi_{2,y}\phi_{3,x} & h\phi_2\phi_4 + d\phi_{2,y}\phi_{4,y} & c\phi_4\phi_{2,y} - d\phi_{2,y}\phi_{4,x} \\ - & - & - & \int \phi_2^2 + \phi_{2,x}(d\phi_{2,x} - 2c\phi_2) & \phi_{3,y}(c\phi_2 - d\phi_{2,x}) & \int \phi_2\phi_3 - c\phi_3\phi_{2,x} - c\phi_2\phi_{3,x} + d\phi_{2,x}\phi_{3,x} & \phi_{4,y}(c\phi_2 - d\phi_{2,x}) & \int \phi_2\phi_4 - c\phi_4\phi_{2,x} - c\phi_2\phi_{4,x} + d\phi_{2,x}\phi_{4,x} \\ - & - & - & - & h\phi_3^2 + d\phi_{3,y}^2 & c\phi_3\phi_{3,y} - d\phi_{3,y}\phi_{3,x} & h\phi_3\phi_4 + d\phi_{3,y}\phi_{4,y} & c\phi_4\phi_{3,y} - d\phi_{3,y}\phi_{4,x} \\ - & - & - & - & - & \int \phi_3^2 + \phi_{3,x}(d\phi_{3,x} - 2c\phi_3) & \phi_{4,y}(c\phi_3 - d\phi_{3,x}) & \int \phi_3\phi_4 - c\phi_4\phi_{3,x} - c\phi_3\phi_{4,x} + d\phi_{3,x}\phi_{4,x} \\ - & - & - & - & - & - & h\phi_4^2 + d\phi_{4,y}^2 & c\phi_4\phi_{4,y} - d\phi_{4,y}\phi_{4,x} \\ - & - & - & - & - & - & - & \int \phi_4^2 + \phi_{4,x}(d\phi_{4,x} - 2c\phi_4) \end{pmatrix}$$

6.3.5 Algorithme de couplage

Dans cette section, nous détaillons une version modifiée de l'algorithme de couplage du modèle mixte, discret/continu qui a été déjà décrit dans la première partie de ce livre portant sur le modèle de poutre 1D. Le modèle mixte consiste à mailler grossièrement le milieu loin des irrégularités (modèle continu) et finement la zone de forte déformation (modèle discret). Une interface existe entre les deux zones où des EDs interpolés sont créés à l'intérieur des EFs afin d'assurer la continuité entre les ddls discrets et continus.

Le critère de couplage développé précédemment dans la section (6.3.3) est appliqué sur les EFs situés à la frontière de l'interface pour assurer la bonne reproduction du comportement du milieu. Dans le cas où l'erreur calculée entre les déplacements continus et discrets est supérieure à 10%, cela revient à dire qu'il faut mailler finement l'EF et par la suite utiliser le calcul discret. Dans ce cas, la taille de la zone discrète autour de la fissure augmente. Dans le cas où l'erreur est inférieure à 10%, la zone discrète employée est bien évidemment suffisante pour étudier le comportement de la zone singulière.

Grâce à ce critère, la taille de la zone discrète est contrôlée. L'organigramme du modèle couplé est illustré par la figure (Fig.6.17).

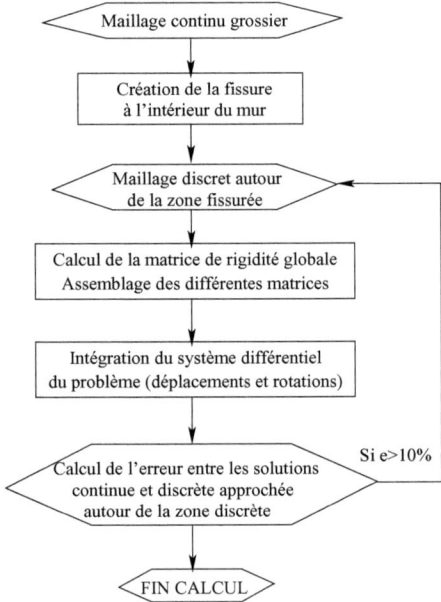

FIG. *6.17*. *Organigramme du modèle couplé discret/continu*

6.3.6 Étude d'un mur fissuré

Sur la figure (Fig.6.18) sont représentés deux murs de maçonnerie fissurés, soumis aux tests de traction et de cisaillement. Nous réalisons ces deux tests dans le but de valider le modèle couplé. Le mur étudié a pour dimensions 4×4. Comme on peut observer sur la (Fig.6.18), la zone fissurée est discrétisée par des EDs (briques carrées). Les EDs sont représentés par leurs centres. Loin de la fissure, un maillage en EF est utilisé. La taille d'un EF est considérée 8 fois la taille d'un ED. Ainsi, chaque EF peut contenir 8 EDs placés en 2 lignes de 4 briques chacun.

Pour créer une fissure, il suffit de supprimer les interactions entre quelques EDs. Dans notre cas, les matrices de rigidité des interfaces horizontales d'une zone étendue sur 8 EDs (2 EFs horizontaux) au milieu du mur, sont éliminées.

Dans un premier temps, nous réalisons un calcul discret complet pour montrer l'évolution de la fissure. Par la suite, les résultats sont comparés aux résultats du calcul couplé. Plusieurs paramètres sont à observer : la bonne reproduction du comportement discret, la réduction du nombre de ddls et la réduction du temps de calcul.

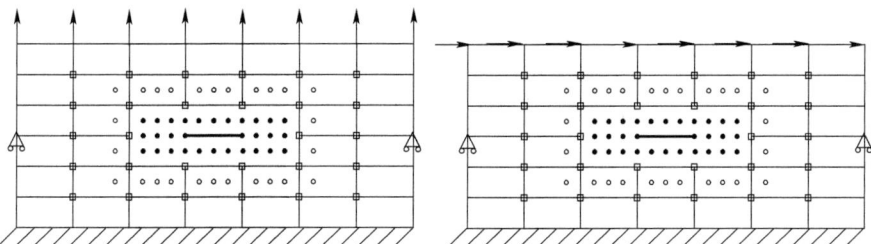

FIG. 6.18. *Modèles de maçonnerie fissurée soumis à la traction (à gauche) et au cisaillement (à droite)*

6.3.6.1 Simulation discrète

Nous étudions le test de traction à l'aide du modèle discret. Les déplacements de la ligne inférieure suivant Y sont bloqués ($u_2(Y = 0) = 0$). Le déplacement du noeud au milieu de cette même ligne est bloqué suivant l'axe X. Nous représentons sur le graphique de gauche de la figure (Fig.6.19), les nouvelles positions des EDs après chargement. La zone fissurée au milieu du mur est bien observée. Les déplacements de la ligne moyenne des EDs (zone fissurée) sont à leurs tours représentés sur la courbe droite de la figure (Fig.6.19).

Dans ce calcul, le nombre des EDs utilisé est (25×25), soit 625 éléments. Ceci est équivalent à (3×625) ddls, soient 1875 ddls. Le temps de calcul nécessaire est estimé à 128 secondes.

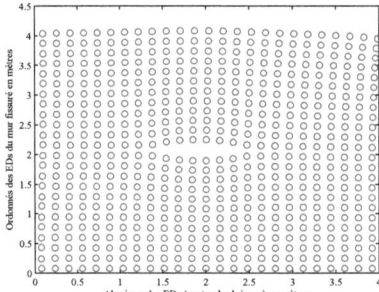 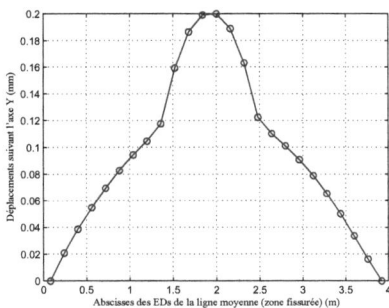

FIG. 6.19. *Mur de maçonnerie fissuré soumis à la traction : la figure à gauche montre les nouvelles positions des EDs après chargement tandis que celle à droite montre les déplacements de la ligne moyenne suivant Y*

6.3.6.2 Simulation couplée

Ce même cas test va être étudié en utilisant le modèle couplé. Il serait intéressant de comparer le nombre de ddls des deux modèles couplé et discret ainsi que le temps de calcul. Ceci nous permettra de conclure sur l'importance de ces deux paramètres.

Les mêmes conditions aux limites utilisées dans le calcul discret sont appliquées dans la simulation couplée. Dans un premier temps, nous étudions le mur sans fissure et comparons les résultats couplés à ceux discrets. Une bonne concordance est observée entre les déplacements discret et couplé (Fig.6.20). Sur cette figure, nous représentons les déplacements de la ligne moyenne de la maçonnerie (Y = $\frac{H}{2}$).

Cette concordance (Fig.6.20) représente une validation de l'implémentation du modèle couplé. Ainsi, après cette validation, nous étudions le cas du mur fissuré. La taille de la fissure est équivalente à celle d'un EF (4 EDs). Nous implémentons ce cas test dans le code MATLAB. La matrice des interactions verticale et horizontale entre les EDs et les EFs est à remplir soigneusement. Les conditions aux limites imposées sont telles que : $u_1(Y = 0) = 0$, $u_2(Y = 0, X = L/2) = 0$. Sur la ligne supérieure de la maçonnerie ($Y = H$), une force verticale répartie sur les noeuds des EF et de sens opposée à Y est appliquée.

En comparant les déplacements suivant Y des noeuds des EFs et des centres des briques de la ligne moyenne, nous observons une bonne concordance entre le modèle couplé et celui discret. Sur la figure (Fig.6.21), nous représentons sur le graphique à gauche le maillage (discret et continu) après chargement. La zone discrète est limitée autour de la fissure. Sur le graphique à droite, nous comparons les déplacements couplés de la ligne moyenne à ceux du modèle discret.

6.3 Modèle mixte ; discret/continu

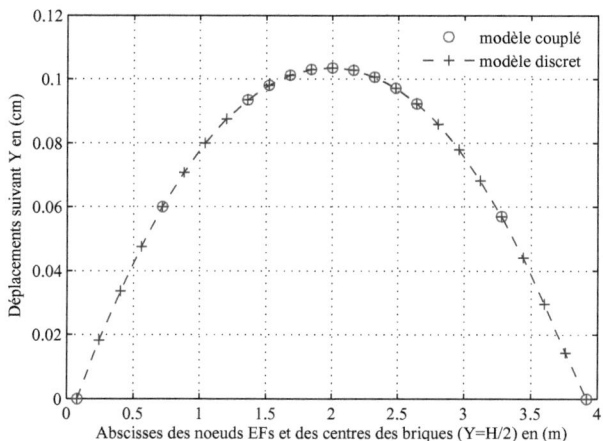

FIG. **6.20**. *Bonne concordance entre les modèles discret et couplé dans le cas non fissuré*

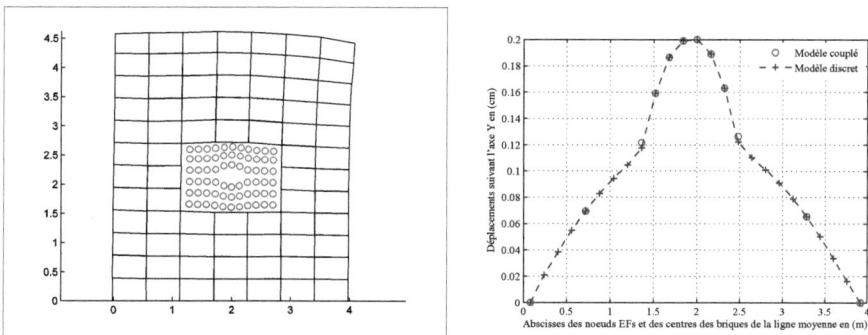

FIG. **6.21**. *Mur de maçonnerie fissuré soumis à la traction étudié à partir du modèle mixte : la figure à gauche montre le maillage mixte déformé tandis que celle à droite montre la concordance entre les déplacements discrets comparés à ceux couplés suivant Y*

Ce cas test étudié représente une validation du modèle couplé. À côté de la bonne reproduction du comportement discret, la réduction du nombre de ddls et du temps de calcul est observée.

Le tableau (6.5) illustre un avantage non négligeable du modèle couplé, la réduction du nombre de ddls. Le rapport entre les ddls discrets et couplés vaut : ratio $= \dfrac{1875}{386} = 4.86$. Ainsi, en reproduisant le comportement du mur à partir du calcul couplé, le nombre de ddls du modèle couplé est 5 fois plus petit que celui du modèle discret. Ce gain facilite l'étude des structures volumineuses utilisant un nombre important de ddls.

	Nombre d'éléments	Nombre de ddls
Modèle discret	625 EDs	$625 \times 3 = \mathbf{1875}$
Modèle couplé	85 EFs + 72 EDs	$85 \times 2 + 72 \times 3 = \mathbf{386}$

TAB. **6.5**. *Réduction du nombre de ddls*

Le gain en nombre de ddls génère bien évidemment une réduction du temps de calcul. Cette réduction est illustrée dans le tableau (6.6). Le rapport du temps discret/couplé vaut : ratio $= \dfrac{322}{54} = 5.96$. Ce rapport peut être plus important dans le cas de grandes structures.

	Temps de calcul
Modèle continu	42 secondes
Modèle discret	322 secondes
Modèle couplé	54 secondes

TAB. **6.6**. *Réduction du temps de calcul*

6.4 Conclusions

Ce chapitre a porté essentiellement sur des simulations numériques de quelques exemples de chargement sur un mur de maçonnerie dans le cas statique en utilisant deux modèles dont le premier est discret et le deuxième est continu. Des comparaisons entre les paramètres mécaniques ont montré que le modèle discret est homogénéisable dans les cas où les hétérogénéités n'existent pas, tandis que dans le cas des fissures à l'intérieur de la maçonnerie, le modèle ne l'est plus. Un modèle mixte discret/continu a été développé pour étudier des cas pareils. Une zone discrète est employée dans la zone fissurée (dont la taille est contrôlée à l'aide d'un critère de couplage), et plus loin une zone continue est utilisée. Ce modèle a permis une très bonne reproduction du comportement du modèle discret et cela en réduisant le nombre de ddls et le temps de calcul.

Conclusions et Perspectives

Conclusions et Perspectives

Nous avons proposé dans ce mémoire une méthodologie de couplage entre les milieux discrets et continus. Nous nous sommes concentrés plus précisément sur l'étude des méthodes de couplage existantes ainsi que sur les problèmes persistants dans le développement des méthodes de modélisation multiéchelle. Cette étude préliminaire nous a permis par la suite de définir l'axe de la recherche dans notre cas. Une méthode qui pallie les problèmes fréquemment rencontrés tels la répartition de l'énergie dans les zones transitoires et les réflexions des ondes à l'interface du couplage, nous a paru pertinente. Nous avons commencé par appliquer cette méthodologie à un modèle unidimensionnel de poutre sur des appuis élastiques. Ce modèle a été étudié dans les deux cas, statique et dynamique. Deux approches ont été développées pour l'étude du modèle de poutre. La première est une approche discrète - le nombre de ressorts est connu - à l'échelle microscopique. La deuxième est une approche continue déduite de la première approche discrète, à l'échelle macroscopique. Le calcul analytique des deux approches a été implémenté dans un code MATLAB. Nous avons pu montrer grâce aux calculs effectués que l'approche continue remplace efficacement l'approche discrète dans les cas où les raideurs des ressorts sont homogènes. Par contre, lorsque des hétérogénéités sont introduites dans le calcul (usure des traverses, mauvaise répartition des grains de ballast sous les rails, un rail usé *etc*), les résultats ont montré une différence sensible entre les comportements discret et continu dans ces zones. Nous avons donc conclu que l'approche continue ne remplace pas celle discrète.

L'échelle de départ de l'approche couplée est celle de l'approche continue. Cette échelle est fine aux endroits où la solution continue ne colle pas avec celle discrète. À ces endroits particuliers, une procédure d'itération nous ramène à l'échelle de calcul de l'approche discrète. En plus de l'efficacité de l'approche discrète à remplacer et le gain de temps occasionné, l'approche couplée que nous avons adopté est capable non seulement de détecter les endroits singuliers mais encore de réduire le nombre de degrés de liberté du système. Dans le cas dynamique, le problème de réflexion d'onde n'a pas été d'actualité car la longueur des ondes est déjà adaptée au maillage. En effet, au moment où un raffinement est nécessaire dans le maillage, l'onde n'aura pas de problème pour continuer à se propager dans le nouveau maillage, car la longueur d'onde dans ce cas là est représentée par un nombre d'éléments plus grand que celui du maillage initial. Nous vérifions bien évidemment sur chaque élément la bonne concordance entre les modèles discret et continu lorsque le modèle continu est retenu. Des discontinuités brutales de propriétés du milieu n'existent pas et ne peuvent, par conséquent, pas engendrer des réflexions parasites.

Conclusions et Perspectives

Suite à cette application de la méthodologie à un modèle unidimensionnel, nous l'avons appliqué à un autre modèle bidimensionnel. Il s'agit d'un modèle de maçonnerie en 2D. Ce dernier a pu mettre en évidence les propriétés et les avantages du modèle mixte, continu/discret.

Dans le modèle discret, les briques ont été modélisées par des corps rigides connectés par des interfaces élastiques. Cette maçonnerie est représentée comme un "squelette" dans lequel les interactions entre les différents corps rigides sont représentées grâce aux forces et aux moments qui dépendent de leurs déplacements et rotations relatifs. Le modèle homogénéisé (continu) a été considéré infini dans le but de déterminer les caractéristiques du milieu orthotrope dont la matrice de rigidité élastique fait partie. Le maillage du modèle continu est généré à l'aide des éléments finis rectangulaires. Les calculs discret et continu sont implémentés dans un code MATLAB.

Les résultats des différents cas tests étudiés ont montré une bonne concordance continu / discret dans certains cas (test de cisaillement à bords fixes), et une différence significative dans le reste (cisaillement à bords libres, force ponctuelle au milieu de la maçonnerie). Afin de palier cette différence, un modèle couplé est développé où on fait appel à un modèle continu dans les endroits ne présentant aucune irrégularité et au modèle discret dans les endroits des singularités. Nous avons finalement prouvé que ce modèle mixte est autant adapté à notre problème que le modèle discret et que les gains en ddls et temps de calcul qu'il génère, sont considérables.

Nous espérons, ainsi par ce travail avoir donné un cadre conceptuel qui permettera d'approfondir le support théorique de la méthode de couplage proposée afin de mieux en cerner ses intérêts et ses limitations. Dans ce sens l'utilisation de la méthode pour le traitement de cas plus complexes que ceux considérés dans ce travail pourra aussi constituer un sujet d'étude plein de perspectives.

Bibliographie

[1] Ozgur Aktas and N. R. Aluru. A combined continuum/dsmc technique for multiscale analysis of microfluidic filters. *Journal of Computational Physics*, 178(2) :342 – 372, 2002.

[2] A. Anthoine. Derivation of the in-plane elastic characteristics of masonry through homogenization theory. *International Journal of Solids and Structures*, 32(2) :137 – 163, 1995.

[3] V. Bodin-Bourgoin, P.Tamagny, K.Sab, and PE.Gautier. Experimental determination of a settlement of the ballast portion of railway tracks subjected to lateral charging. *CANADIAN GEOTECHNICAL JOURNAL*, 43 (10) :1028–1041., 2006.

[4] J.Q. Broughton, F.F. Abraham, N. Bernstein, and E. Kaxiras. Concurrent coupling of length scales : methodology and application. *Physical Review B*, 60 :2391–2403, 1999.

[5] Antonella Cecchi and Karam Sab. A multi-parameter homogenization study for modeling elastic masonry. *European Journal of Mechanics - A/Solids*, 21(2) :249 – 268, 2002.

[6] Antonella Cecchi and Karam Sab. A comparison between a 3d discrete model and two homogenised plate models for periodic elastic brickwork. *International Journal of Solids and Structures*, 41(9-10) :2259 – 2276, 2004.

[7] Antonella Cecchi and Karam Sab. Corrigendum to 3d [international journal of solids and structures 41 (2004) 2259-2276]. *International Journal of Solids and Structures*, 43(2) :390 – 392, 2006.

[8] Antonella Cecchi and Karam Sab. Discrete and continuous models for in plane loaded random elastic brickwork. *European Journal of Mechanics - A/Solids*, 28(3) :610 – 625, 2009.

[9] Federico Cluni and Vittorio Gusella. Homogenization of non-periodic masonry structures. *International Journal of Solids and Structures*, 41(7) :1911 – 1923, 2004.

[10] P. A. Cundall and O.D.L. Stack. A discrete numerical model for granular assemblies. *Geotechnique*, 29 :47–65, 1979.

[11] W.A. Curtin and R.A. Miller. Atomistic continuum coupling in computational materials science. *Modelling and Simulation in Materials Science and Engineering*, 11 :R33–R68, 2003.

[12] Mersedeh Dalaei and Arnold D. Kerr. Analysis of clamped rectangular orthotropic plates subjected to a uniform lateral load. *International Journal of Mechanical Sciences*, 37(5) :527 – 535, 1995.

[13] Patrick de Buhan and Gianmarco de Felice. A homogenization approach to the ultimate strength of brick masonry. *Journal of the Mechanics and Physics of Solids*, 45(7) :1085 – 1104, 1997.

[14] H.Ben Dhia and G.Rateau. Analyse mathématique de la méthode arlequin mixte. In *C.R.Acad.Sci.Paris, t.332, Série*, pages 649–654, 2001.

[15] H.Ben Dhia and G.Rateau. The arlequin method as a flexible engineering design tool. *International Journal for Numerical Methods in Engineering*, 62 :1442–1462, 2005.

[16] E.Frangin, P.Marin, and L.Daudeville. Coupled finite/discrete elements method to analyze localized impact on reinforced concrete structure. In *Proceedings EURO-C, Innsbruck, Austria*, 2006.

[17] Bernhard Eidel and Alexander Stukowski. A variational formulation of the quasicontinuum method based on energy sampling in clusters. *Journal of the Mechanics and Physics of Solids*, 57(1) :87–108, January 2009.

[18] Zeng Fanlin and Sun Yi. Quasicontinuum simulation of nanoindentation of nickel film. *Acta Mechanica Solida Sinica*, 19(4) :283–288, December 2006.

[19] Jacob Fish and Wen Chen. Discrete-to-continuum bridging based on multigrid principles. *Computer Methods in Applied Mechanics and Engineering*, 193(17-20) :1693 – 1711, 2004. Multiple Scale Methods for Nanoscale Mechanics and Materials.

[20] Céline Florence and Karam Sab. A rigorous homogenization method for the determination of the overall ultimate strength of periodic discrete media and an application to general hexagonal lattices of beams. *European Journal of Mechanics - A/Solids*, 25(1) :72 – 97, 2006.

[21] Emmanuel Frangin, Philippe Marin, and Laurent Daudeville. Approche couplée éléments discrets/finis pour la simulation d'un impact sur ouvrage. *Revue Européenne de Mécanique Numérique*, 16 (8) :989 – 1009, 2007.

[22] Gregory T. Grissom and Arnold D. Kerr. Analysis of lateral track buckling using new frame-type equations. *International Journal of Mechanical Sciences*, 48(1) :21 – 32, 2006.

[23] M. Hammoud, L. Daudeville, P. Marin, and E. Frangin. Etude des réflexions d'ondes dues à la discontinuité de discrétisation. Master's thesis, Laboratoire Sols, Solides, Structures, INP Grenoble, 2006.

[24] M. Hammoud, D. Duhamel, and K.Sab. Dynamique harmonique d'un couplage discret/continu : Application à un modèle unidimensionnel de voies ferrées. In *9ième Congrès de Mécanique, Marrakech*, 21-24 avril 2009.

[25] M. Hammoud, D. Duhamel, and K.Sab. Etude dynamique d'une approche couplée discrète/continue : Application à un modèle de voie ferrée. In *CFM09, 19ème Congrès Français de Mécanique, Marseille, France*, 24 - 28 août 2009.

[26] M. Hammoud, D. Duhamel, and K.Sab. Approche couplée discrète/continue pour l'étude statique d'un modèle de voie ferrée en 1d. In *AUGC09, 27èmes Rencontres de L'Association Universitaire de Génie Civil, Saint Malo, France*, 3-5 Juin 2009.

[27] M. Hammoud, D. Duhamel, K.Sab, and F.Legoll. Coupled discrete and continuum approach to the behavior of ballast. In *Proceedings of the Sixth International Conference on Engineering Computational Technology, Greece*, 3-5 september 2008.

[28] J.Fish and Z.Yuan. Multiscale enrichment based on partition of unity. *International Journal of Numerical Methods in Engineering*, 62 (10) :1341–1359, 2005.

[29] Arnold D. Kerr and Michael L. Accorsi. Numerical validation of the new track equations for static problems. *International Journal of Mechanical Sciences*, 29(1) :15 – 27, 1987.

[30] Arnold D. Kerr and Joel E. Cox. Analysis and tests of boned insulted rail joints subjected to vertical wheel loads. *International Journal of Mechanical Sciences*, 41(10) :1253 – 1272, 1999.

[31] P.A. Klein and J.A. Zimmerman. Coupled atomistic-continuum simulations using arbitrary overlapping domains. *Journal of Computational Physics*, 213(1) :86 – 116, 2006.

[32] J. Knap and M. Ortiz. An analysis of the quasicontinuum method. *Journal of the Mechanics and Physics of Solids*, 49(9) :1899 – 1923, 2001.

[33] J. S. Lee, G. N. Pande, J. Middleton, and B. Kralj. Numerical modelling of brick masonry panels subject to lateral loadings. *Computers & Structures*, 61(4) :735 – 745, 1996.

[34] J. Lerbet. *Mécanique des systemes de corps rigides comportant des boucles fermées*. PhD thesis, Université de Pierre et Marie Curie, Paris 6, 1987.

[35] L.Ricci and K.Sab. *Influence des plates-formes sur le tassement des voies ferrées ballastées*. PhD thesis, Ecole Nationale des Ponts et Chaussées, 2006.

[36] Raimondo Luciano and Elio Sacco. Homogenization technique and damage model for old masonry material. *International Journal of Solids and Structures*, 34(24) :3191 – 3208, 1997.

[37] M.Hammoud, D.Duhamel, and K.Sab. Static and dynamic studies for coupling discrete and continuum media; application to a simple railway track model. *International Journal of Solids and Structures*, Accepted :In press, 2009.

[38] R. Miller, M. Ortiz, R. Phillips, V. Shenoy, and E. B. Tadmor. Quasicontinuum models of fracture and plasticity. *Engineering Fracture Mechanics*, 61(3-4) :427–444, September 1998.

[39] R. E. Miller and E. B. Tadmor. Topical review : A unified framework and performance benchmark of fourteen multiscale atomistic/continuum coupling methods. *Modelling and Simulation in Material Science and Engineering*, 17, (053001) :51 pp, 2009.

[40] J.J. Moreau. Some numerical methods in multibody dynamics : application to granular materials. *European Journal of Mechanics*, A/ Solids 13 :93–114, 1994.

[41] Dang-Truc NGUYEN, Philippe TAMAGNY, Chantal de LA ROCHE, and Boumediene NEDJAR. Application d'un modèle de plasticité multisurfacique à la modélisation de la déformation permanente des enrobés bitumineux. In *XVII Congrès Francais de Mécanique (CFM2005), Université de Troyes*, 2005.

[42] Vu-Hieu Nguyen and Denis Duhamel. Finite element procedures for nonlinear structures in moving coordinates. part 1 : Infinite bar under moving axial loads. *Computers & Structures*, 84(21) :1368 – 1380, 2006.

[43] Vu-Hieu Nguyen and Denis Duhamel. Finite element procedures for nonlinear structures in moving coordinates. part ii : Infinite beam under moving harmonic loads. *Computers & Structures*, 86(21-22) :2056 – 2063, 2008.

[44] H.S. Park, E.G. Karpov, W.K. Liu, and P.A. Klein. The bridging scale for two-dimensional atomistic/continuum coupling. *Philosophical Magazine*, 85 (1) :588–609, 2005.

[45] F. Pradel and K. Sab. Homogenization of discrete media. *J. Phys.*, IV 8 (P8) :317 – 324, 1998.

[46] Francis Pradel and Karam Sab. Cosserat modelling of elastic periodic lattice structures. *Comptes Rendus de l'Académie des Sciences - Series IIB - Mechanics-Physics-Astronomy*, 326(11) :699 – 704, 1998.

[47] L. Ricci, V.H. Nguyen, K. Sab, D. Duhamel, and L. Schmitt. Dynamic behaviour of ballasted railway tracks : A discrete/continuous approach. *Computers & Structures*, 83(28-30) :2282 – 2292, 2005. A Selection of Papers from Civil-Comp 2003 and AlCivil-Comp 2003.

[48] Jessica Rousseau, Emmanuel Frangin, Philippe Marin, and Laurent Daudeville. Multidomain finite and discrete elements method for impact analysis of a concrete structure. *Engineering Structures*, In Press, Corrected Proof :–, 2009.

[49] R.E. Rudd and J.Q. Broughton. Coarse-grained molecular dynamics and the atomic limit of finite elements. *Physical Review B*, 58 :R5893–R5896, 1998.

[50] A. Al Shaer, D. Duhamel, K. Sab, G. Foret, and L. Schmitt. Experimental settlement and dynamic behavior of a portion of ballasted railway track under high speed trains. *Journal of Sound and Vibration*, 316(1-5) :211 – 233, 2008.

[51] A.Al Shaer, D.Duhamel, K.Sab, L.M. Cottineau, P.Hornych, and L.Schmitt. Dynamical experiment and modeling of a ballasted railway track bank. In *EURODYN 2005 : sixth European conference on structural dynamics*, volume 3, pages 2065–2070, 2005.

[52] V. B. Shenoy, R. Miller, E. b. Tadmor, D. Rodney, R. Phillips, and M. Ortiz. An adaptive finite element approach to atomic-scale mechanics–the quasicontinuum method. *Journal of the Mechanics and Physics of Solids*, 47(3) :611 – 642, 1999.

[53] L. E. Shilkrot, W. A. Curtin, and R. E. Miller. A coupled atomistic/continuum model of defects in solids. *Journal of the Mechanics and Physics of Solids*, 50(10) :2085 – 2106, 2002.

[54] S.Kohlhoff, P.Gumbsch, and H.F. Fischmeister. Crack propagation in bcc crystals studied with a combined finite-element and atomistic model. *Philosophical Magazine A*, 64 :851–878, 1991.

[55] S.Kohlhoff and S.Schmauder. A new method for coupled elastic-atomistic modelling in : V. vitek, d.j. srolovitz (eds), atomistic simulation of materials. *In : Beyond Pair Potentials, Plenum Press, New York*, pages 411–418, 1989.

[56] E.B. Tadmor, M.Ortiz, and R.Philips. Quasicontinuum analysis of defects in solids. *Philosophical Magazine A*, 73 :1529–1563, 1996.

[57] E. B. Tadmor D. Rodney R. Phillips V. B. Shenoy, R. Miller and M. Ortiz. An adaptive finite element approach to atomic-scale mechanics - the quasicontinuum method. *Journal of the Mechanics and Physics of Solids*, 47 :611–642, 1999.

[58] G.J. Wagner and W.K. Liu. Coupling of atomistic and continuum simulations using a bridging scale decomposition. *Journal of Computational Physics*, 190 :249–274, 2003.

[59] O.R. Walton. Particle-dynamics calculations of shear flow. *Mechanics of Granular Materials : New Models and Constitutive Relations*, 1983.

[60] O.R. Walton. *Particulate Two-phase flow*, chapter Numerical Simulation of inelastic, frictionnal particle-particle interactions 25, pages 884–907. Butterworth-Heinemann, 1992.

[61] S. P. Xiao and T. Belytschko. A bridging domain method for coupling continua with molecular dynamics. *Computer Methods in Applied Mechanics and Engineering*, 193(17-20) :1645 – 1669, 2004. Multiple Scale Methods for Nanoscale Mechanics and Materials.

Oui, je veux morebooks!

i want morebooks!

Buy your books fast and straightforward online - at one of world's fastest growing online book stores! Environmentally sound due to Print-on-Demand technologies.

Buy your books online at
www.get-morebooks.com

Achetez vos livres en ligne, vite et bien, sur l'une des librairies en ligne les plus performantes au monde!
En protégeant nos ressources et notre environnement grâce à l'impression à la demande.

La librairie en ligne pour acheter plus vite
www.morebooks.fr

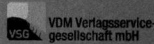

VDM Verlagsservicegesellschaft mbH
Heinrich-Böcking-Str. 6-8   Telefon: +49 681 3720 174   info@vdm-vsg.de
D - 66121 Saarbrücken   Telefax: +49 681 3720 1749   www.vdm-vsg.de

Printed by Books on Demand GmbH, Norderstedt / Germany